边云智能数据分析与应用

沈钧戈　毛昭勇　丁文俊　编著

电子工业出版社

Publishing House of Electronics Industry

北京·BEIJING

内 容 简 介

随着"十四五"规划纲要中提出要实施"上云用数赋智"行动，推动数据赋能产业链协同转型，边云智能已成为未来发展的重要趋势。本书依托于政策大背景，旨在向读者介绍边云智能的基础知识和应用。本书分为四个篇章，第一篇章介绍了边云架构的骨架和基础概念，第二篇章介绍了人工智能算法和深度学习模型，第三篇章介绍了云端决策算法和边缘端轻量化算法，第四篇章介绍了边云智能在智慧教育领域的应用。本书可以使读者了解边云智能的基本概念和原理逻辑，熟悉基本的人工智能计算方法及数据分析的逻辑和运用场景。通过数据科学的思路和方法，读者可以将无人系统的数据智能化应用提升，并培养数据导向思维方式，为未来学习智能无人系统科学与技术学科打下基础。

本书目标明确，技术先进，强调课程思政和润物无声的教育理念，旨在提高学生的数据科学素养和"用数据"的能力。本书面向智能无人系统科学与技术专业的研究生，涵盖人工智能、大数据分析、数据挖掘和边云计算等学科知识，具有交叉性的特点。同时，资深从业者也可将本书作为参考书籍。

图书在版编目（CIP）数据

边云智能数据分析与应用 / 沈钧戈等编著. —北京：电子工业出版社，2023.8

ISBN 978-7-121-46042-5

Ⅰ. ①边… Ⅱ. ①沈… Ⅲ. ①数据处理－高等学校－教材 Ⅳ. ①TP274

中国国家版本馆 CIP 数据核字（2023）第 138694 号

责任编辑：路 越

印　　刷：北京七彩京通数码快印有限公司

装　　订：北京七彩京通数码快印有限公司

出版发行：电子工业出版社

　　　　　北京市海淀区万寿路 173 信箱　　邮编：100036

开　　本：787×1 092　1/16　印张：13.5　字数：216 千字

版　　次：2023 年 8 月第 1 版

印　　次：2024 年 10 月第 3 次印刷

定　　价：55.00 元

凡所购买电子工业出版社图书有缺损问题，请向购买书店调换。若书店售缺，请与本社发行部联系，联系及邮购电话：（010）88254888，88258888。

质量投诉请发邮件至 zlts@phei.com.cn，盗版侵权举报请发邮件至 dbqq@phei.com.cn。

本书咨询和投稿联系方式：luy@phei.com.cn。

前言

PREFACE

背景

2019 年开始，边缘计算备受关注，一度引起了资本市场的投资热潮，因此很多人把 2019 年称为边缘计算的元年。工业互联网的大力推动、5G 大规模商用的持续酝酿等因素，让整个产业对 IT（Information Technology）和 OT（Operation Technology）的深度融合充满信心和期待，在这种情况下，边缘计算受到越来越多人的关注。

为了褒扬边缘计算，有人将边缘计算称为云计算的"终结者"，并刻意将云计算放在边缘计算的对立面，然而从技术或商业演进的现实情景来看，边缘计算其实更多体现为云计算向终端和用户端延伸时产生的新的解决方案，并且经过时间的验证，云计算和边缘计算的关系更加清晰。简单来说，云计算的计算效率更高，而边缘计算可以提供低时延，提升用户体验，这种情况下只有两者互为补充，才能更好地处理现实生活中的各种复杂的需求场景，最大化云计算和边缘计算的应用价值，实现边缘端与云端的智能协同。

同时受益于算法、算力和数据集等方面的发展，人工智能技术得到了突飞猛进的发展，在安防、交通、工业、农业等各行业得到广泛应用。随着 5G、物联网时代的到来，为借助边缘端数据采集便利、实时处理计算等特点，人工智能技术逐步从中心云向边缘下沉，通过将模型在边缘端和云端进行协同推理和训练，解决人工智能落地"最后一公里"问题，边缘智能应运而生。

以自动驾驶为例，其在未来的计算模式便是边缘计算与云计算相结合，部署于边缘端的自动驾驶专用芯片会实时感知传感器数据并立刻处理、做决策；同时，这些处理之后的数据会被汇聚在云端，进行大数据分析、模型搭建和编辑、大规模仿真模拟，进行深度分析和机器学习，并对已有的边缘端设备进行更新和升级，使边缘端设备更智能。因此，"算法+芯片+云计算"的模式构成了未来自动驾驶的三大核心支点。

再以物联网为例，阿里云发布的边缘计算产品——Link Edge 通过赋予家庭网关计算能力，即便是在断网的情况下，例如生物识别门锁、机器人等都能正常运作。但是，如果加上云计算，基于云端的大数据分析和判断，在联动的前提下，整个家庭场景的智能设备将变得更为个性化和智能化，例如关上门的时候，扫地机器人就开始运作等。

由此可以看出边缘端设备主要应用在前端，负责数据的实时采集、计算和处理，而云端提供大数据处理、大数据存储、应用程序开发、机器学习和人工智能等方面的强大处理能力，同时，在云端的应用设计、开发、测试、部署、管理等功能也是满足各种应用需求的关键，因此如何合理发挥边缘端与云端各自的优势、实现边云智能协同是目前亟待解决的问题。

关于本书

1．本书特色

本书面向智能无人系统科学与技术专业的研究生，具有人工智能、大数据分析、数据挖掘、边云计算学科交叉的特点，旨在扩大学生视野，提高科学素养，培养多元化思维方式，拓宽知识面，促进学科交叉，读者通过学习本书：

（1）能够了解边云计算的基本概念和原理逻辑；

（2）了解基本的人工智能计算方法，熟悉数据分析的基本逻辑和运用场景；

（3）能够运用一定的工具采用数据科学的思路和方法对无人系统进行数据方面的智能化应用提升，来研究和分析无人系统学科的数据驱动问题；

（4）培养数据导向思维方式，为将来的智能无人系统科学与技术学科的进一步学习打下基础。

本书目标明确、技术先进。在编写上，本书以提高学生的数据科学素养与"用数据"的能力为出发点；在内容的选取上，本书充分满足从事无人系统相关工作应具有的数据分析建模知识及应用技能需求。

2．内容概要

边云智能的发展目前已势不可挡，"十四五"规划纲要中提出要实施"上云用数赋智"行动，推动数据赋能产业链协同转型，这意味着边云智能成为了未来发展的重要趋势。

目前市面上系统讲述边云智能及其关键技术的书籍较少，因此本书旨在向读者系统且全面地介绍边云智能体系的理论知识和实战案例分析。为了系统地为读者讲明边云智能体系及应用，本书将以 4 个篇章逐步向读者阐述相关内容，分别为：①基础架构篇；②智能理论篇；③核心技术篇；④应用实践篇。接下来对各篇章进行简要叙述。

（1）基础架构篇介绍边云智能体系的骨架——边云架构。基础架构篇首先阐述了边云智能产生的大背景、基础概念、发展过程及应用场景，让读者对边云智能体系有初步的认识，接着向读者介绍边云架构系统的设计理念、度量方式与应用，让读者对边缘端与云端的智能协同模式有更深刻的认识。

（2）智能理论篇介绍边云智能体系的身体——人工智能算法。人工智能算法是使边云智能体系之所以"智能"的关键内容，而深度学习算法在如今人工智能领域占举足轻重的地位，因此，智能理论篇首先介绍了人工智能与深度学习相关概念及经典的神经网络模型，接着介绍深度学习的两个重要应用领域：自然语言处理与计算机视觉，其分别代表着边云智能体系的"嘴巴"与"眼睛"。

（3）核心技术篇介绍边云智能体系的"手足"与"大脑"——云端决策与边缘轻量化。核心技术篇首先对边缘端智能落地的关键算法——边缘端轻量化算法进行了介绍，接着介绍了边云智能体系中云端"智能"的关键，即云端决策算法。

（4）应用实践篇介绍边云智能体系的应用实践，它以以上三个篇章为依托，向读者详细讲述边云智能在智慧教育领域的作用，包括边云智能体系框架的设计理念、边缘端智能与云智能的算法原理。

3．使用建议

如果读者之前没有边云架构或机器学习的学习经验，我们强烈建议读者先从本书的基础架构篇或智能理论篇开始学习，然后再在此基础上开始核心技术篇的学习，最后从应用实践篇中体会边云智能的应用。

目录

C O N T E N T S

第 1 章

绪　论

经过多年的技术积淀和应用拓展，边云智能已成为"智能+"的新风口。传统的网络边缘直面多样化终端用户的主干网络末端，是衔接物联网生成数据、采集数据、处理数据的网络环境。目前，多源异构数据的极大丰富，促进了人工智能性能的极大提升，催生了大量从云端到边缘端再到终端的全链路"智能+"场景，形成了涵盖"云－网－边－端"多域主体的边云智能体系。

本章尝试从多个视角分析边云智能产生的大背景，并基于具体案例对边云智能应用进行简要剖析，希望读者可以在时代的"大背景"与应用的"小案例"中，感受到边云智能给现实生活带来的影响。接着本章按照从初期探索到"智能+"演进，再到体系融合的发展阶段，带领读者循序渐进地认识边云智能的宏大体系。最后，站在"智能+"的新风口，带领读者领略边云智能的应用前景与发展趋势。

本章学习目标

（1）了解边云智能产生的背景；

（2）了解边云智能的发展；

（3）了解边云智能的现状。

1.1　边云智能产生的大背景

近年来，各国政府高度重视人工智能、边云协同、大数据等新一代信息技术的发展，加之国家级战略规划、科技助推政策的密集出台，不仅加快了资本向信息技术领域的流动，而且催生了不少边云智能业务需求场景。

1.1.1 新一代信息技术的快速发展

当前，以人工智能（Artificial Intelligence，AI）、大数据（Big Data，BD）、云计算、边缘计算（Edge Computing，EC）、5G、联邦学习等为代表的新一代信息技术，已成为理论研究的焦点、应用实践的重点和社会发展的增长点。海量、高速、异构、多样的大数据不仅给传统信息技术带来严峻挑战，而且促进了信息技术（Information Technology，IT）到数据技术（Data Technology，DT）的演进。一方面，为满足呈爆炸式增长的数据计算存储服务需求，动态扩展、按需服务、高可靠性的云计算服务模式应运而生。另一方面，随着数据与计算能力前所未有的丰富，人工智能算法和芯片技术取得了突破性进展，人工智能走出了实验室，走进了商业、工业、军事、生活等多个领域。

与此同时，联邦学习为大数据背景下的"数据孤岛"问题提供了安全的分布式机器学习框架；边缘计算为云计算面临的传输处理时延、网络拥塞、安全隐私问题提供了从"云端"向用户端"下沉"的解决方案；而云计算，尤其在低时延、泛在连接、高带宽的5G技术助力下，云服务的"最后一公里"被打通，数据可以保留在智能芯片所加持的边缘设备终端，人工智能应用可以下沉至网络边缘，加之区块链的安全可信保障，新一代信息技术大跨步地进入了边云智能的新时代。

（1）大数据

大数据在新一代信息技术的发展中占有极其重要的地位，通过大数据，人们不仅可以学习到事物发展的客观规律、了解人类行为，而且能通过建立新的数据思维模型，对未来进行预测和推测，而如今，大数据更是被誉为"新时代的生产资料"，大数据技术发展时间轴如图1-1所示。牛津大学教授 Schnberger 在 *Big Data: A Revolution That Will Transform How We Live, Work and Think* 中提出，基于随机采样、精确求解、因果推理的传统数据分析模式已演变为全数据、近似求解、关联分析的大数据模式。

（2）云计算

在云计算的发展脉络中，云服务不仅造就了像 Amazon、Google、微软、阿里等云服务巨头，更把"如同使用水、电一般按需获取云服务"的理念深入用户的生活中。云计算发展时间轴如图 1-2 所示，以敏捷开发与运维（DevOps）、微服务、容器为代表的云原生（Cloud Native）技术概念已成为云计算发展的前沿。

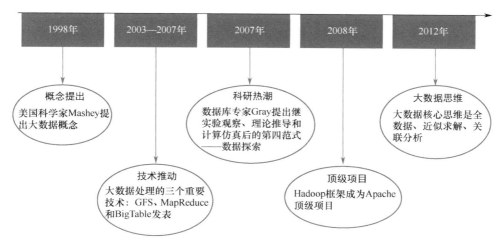

图 1-1 大数据技术发展时间轴

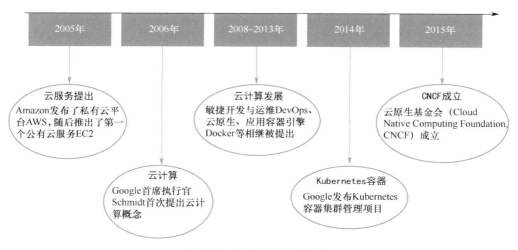

图 1-2 云计算发展时间轴

（3）人工智能

人类对人工智能的思考和探索远远早于大数据和云计算，甚至可追溯到希腊神话中人类对人工智能及生命的幻想。人工智能发展时间轴如图 1-3 所示，自 1956 年的美国达特茅斯会议后，人工智能理论研究的序章才正式展开。尤其是在 2012 年的 ImageNet 大赛中，得益于训练数据增多、GPU 并行计算能力的提升，深度神经网络成为了人工智能在大量应用领域的重要代名词。

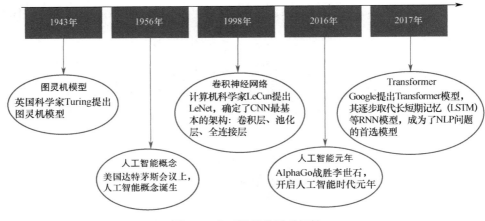

图 1-3 人工智能发展时间轴

（4）联邦学习

在大数据时代，多元且海量的数据信息成为机器学习等人工智能技术的"养分"。但随着数据的极大丰富，人们对数据隐私、数据安全、数据利用的合规合法性也愈加重视，因此，为满足数据隐私安全和监管要求，联邦学习应运而生。联邦学习发展时间轴如图 1-4 所示，联邦学习是实现高效数据共享、解决数据孤岛问题的有效解决方案，为深度神经网络分布式部署、训练数据扩展等问题的解决带来了希望。尤其是基于 PyTorch 的 PySyft 框架、基于 TensorFlow 的 TensorFlow Federated 框架、微众银行的 FATE 框架、Uber 的 Horovod 框架等开源联邦学习项目的开展以及相关国际标准的筹备，这些工作对联邦学习的进一步推广具有重要意义。

（5）5G

5G 无疑是当今各国科技"争锋"的重点领域，也是我国在"卡脖子"技术方面"弯道超车"的关键发力点。5G 发展时间轴如图 1-5 所示，在中国 5G 元年后，华为发布全球首款旗舰 5GSoC 芯片——麒麟 990，并发布面向全场景的分布式操作系统——鸿蒙 1.0；高通发布全球首款集成调制解调器、射频收发器和射频前端的商用芯片——骁龙 X555G；三星发布首款 5G 集成移动处理器——Exynos980，等等。时至今日，中国已成为 5G 领域的"高端玩家"，相信我国在以 5G 为代表的"新基建"发展中，会"风正帆悬，破浪前行"。

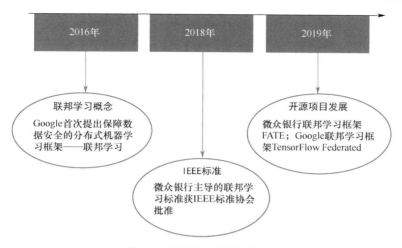

图 1-4　联邦学习发展时间轴

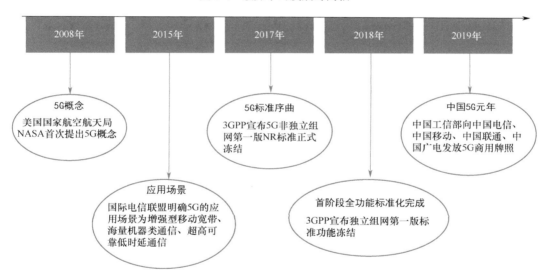

图 1-5　5G 发展时间轴

（6）边缘计算

云计算解决了用户按需享用云服务的问题,而边缘计算解决了万物互联背景下云服务向网络边缘用户端的延伸和扩展问题。边缘计算发展时间轴如图 1-6 所示,在边缘计算的发展中,Cisco 公司等联合成立开放雾联盟（Open Fog Consortium）。同时,5G 的关键使能场景涉及增强型移动宽带（enhanced Mobile BroadBand,eMBB）、超可靠低时延通信（Ultra-Reliable Low-Latency Communications,URLLC）、大规模机器类通信（Massive Machine Type Communications,MMTC）,因此边缘计算是 5G 的重要使能技术。

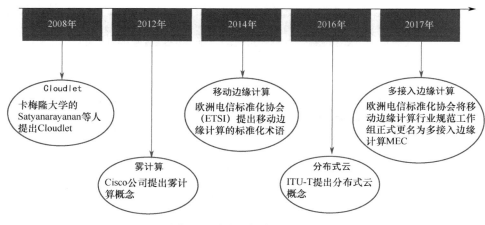

图 1-6　边缘计算发展时间轴

1.1.2　国家政策的支持与引导

以我国为例,近年来政府高度重视新一代信息技术的发展,多项战略规划密集出台,鼓励引导基于新一代信息技术的国产安全可控体系快速发展,推动形成信息技术行业的安全可控和开放创新局面。图 1-7 梳理了我国在新兴技术领域的相关政策及发展规划。

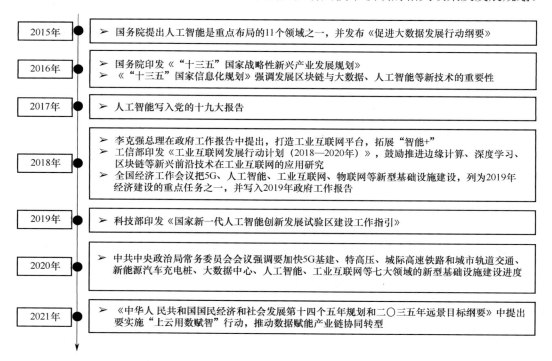

图 1-7　我国在新兴技术领域的相关政策及发展规划

尤其在 2021 年《中华人民共和国国民经济和社会发展第十四个五年规划和二〇三五年远景目标纲要》中提出要实施"上云用数赋智"行动,推动数据赋能产业链协同转型。在国家顶层规划文件中,提出云与边协同发展,高屋建瓴,立意深远。

此外,美国、日本、德国、法国、英国、韩国也陆续推出了各自的国家云计算、人工智能等新一代信息技术发展规划,并逐步上升为国家级战略。因此,在国家政策的支持和引导下,以融合人工智能、云计算、边缘计算等新一代信息技术为主要手段的边云智能呈现出越来越清晰的时代特征,并不断被推送到技术浪潮的发展前沿。

1.2 什么是边云智能?

边云智能,又称边云智能协同,定义为通过端、边、云协同优化,实现敏捷、低成本、低时延的大数据和人工智能服务与应用。显然,从广义上讲,边云智能包括基于端、边、云的人工智能服务的不同组合,如云端协同、端边协同、边云协同、边边协同、端边云等。云端协同还包括云端智能(数据全部在云端,所有智能分析和决策都在云端完成)和终端智能(数据采集、处理和智能分析都在终端设备上完成)两个极端案例。狭义的边云智能就是通过边云协同优化,提供高效的人工智能服务。可见,广义的边云智能是云智能与终端智能的自然延伸,并不矛盾。为了简单起见,本节将边云智能分为边缘端智能和云端智能进行介绍。

(1)边缘端智能

随着物联网、智能终端和 5G 的快速发展,万物互联的智能时代正在加速推进。一方面,边缘设备(如智能终端、各种传感器)产生的数据呈指数级增长,这些数据具有极高的挖掘价值;另一方面,人工智能在语言处理甚至棋盘游戏等多种领域都有蓬勃发展。因此,人们认为人工智能对于大量数据的快速分析在功能上是不可或缺的。为了充分利用边缘端靠近数据源头、低时延、数据安全等特点,将边缘计算与人工智能结合在一起,催生了一个新的研究领域,即边缘端智能。

通过人工智能算法赋能边缘端计算,让边缘数据在不上传至云的情况下,就能很好地进行要素感知与自我决策,这在边云智能体系中称为边缘端智能。

（2）云端智能

过去十年是云计算突飞猛进的十年，但随着互联网时代的数据爆炸，仅基于云端计算的解决方案在很多应用场景中已经很难满足人们日益增长的需求。面对海量终端带来的数据压力，云计算的传输带宽、时延问题凸显，因此选择利用边缘计算将大量计算过程下沉至网络边缘无疑是不错的解决方法。但与此同时，选择将所有的计算过程都下沉至边缘端显然是不合理的，这无疑等于放弃了云端低成本、高计算效率的优势，因此，这种情况下只有通过将云端与边缘端互为补充，才能最大限度发挥两者的优势，提供最满意的用户服务。

在边云智能架构中，基于云端低廉的计算成本与高效的计算效率，云端比边缘端更加适用于进行大规模的数据分析计算，如基于海量大数据进行大规模的文本挖掘任务或基于大量历史数据对未来事件进行预测。可见，对于无低时延需求的大数据任务，利用云端进行智能决策与大数据计算更为合理，而这个过程在边云智能体系中称为云端智能。

（3）边云智能的优势

与传统云计算相比，边云智能至少包括以下四大特点和优势。

① 低带宽成本。据互联网数据中心预测，到 2025 年，全球数据总量将达到 180ZB，而目前的网络带宽远远不能满足这种数据传输量的需求，这将成为云计算的瓶颈。此时，超过 70%的数据需要在网络边缘进行处理。边云智能最大的优势在于数据分析在边缘处理，避免了海量数据的上传，大大节省了带宽成本。

② 高智能化。边云智能通过端、边、云协同优化，高效实现各类大数据和人工智能业务与应用，实现边云协同智能。这些人工智能算法对于快速分析大量数据也是必不可少的。此外，完善统一的边云协同智能系统架构可以进一步为人工智能算法提供保障。

③ 高实时性。随着越来越多的传感器设备部署在网络终端上，每秒将产生数量惊人的实时数据。由于终端用户和云计算中心往往需要经过多级网络，如果将获取的信息上传到云端，其端到端的时延难以满足虚拟现实等应用对响应时间的要求。边云智能通过将算力从云端下沉到数据生成端，实现低时延的数据处理，保证数据分析的实时性。

④ 强大的隐私保护。随着人们对防止公共数据泄露的意识不断增强，隐私保护已成为近年来最热门的话题之一。云计算中心为用户提供服务时，用户需要将所有数据上

传到云端，此时用户的敏感信息可能会泄露，但边云智能保证原始数据不上传云端，避免了用户隐私泄露的风险，为敏感数据提供更好的隐私保护机制。

1.3　边云智能的发展

1.3.1　边云智能的三大发展阶段

边云智能的发展与大数据、5G、人工智能、云计算、边缘计算等新一代信息技术密切相关，其演进路线涉及边云智能探索、"智能+"边缘和边云智能体系等三个重要阶段。

第一阶段：边云智能探索。

大数据和边缘计算是边云智能发展的前提。面对海量终端带来的数据压力，云计算的传输带宽、时延问题凸显，而边缘计算可以将计算过程下沉至网络边缘，就近向终端设备提供计算服务，更快速地缓解数据处理压力，更高效地完成任务反馈。

然而，云计算所面临的问题并没有完全解决，相应地，边缘计算的发展也面临一些问题。

（1）边缘计算下沉到什么位置？是下沉到边缘控制部分？还是下沉到数据源？尽管大量部署边缘计算可以降低时延，但相应的成本也随之提高。

（2）边缘计算的层级设置为多少？是单层的边缘计算，还是边云协同计算，或者是增加更多数量与层级的边缘节点？

（3）计算能力如何在边缘计算和云计算间配置，计算如何在云端与边缘端动态分配？目前常规模式为边缘端向云端汇集数据，云端向边缘端下发控制指令，但其通信路径配置问题仍需探索。

此外，从 IoT 到边缘计算，再到 5G 高宽带、低时延和海量物联的应用场景，边缘计算如何与网络切片、软件定义、安全防护相结合，这些都是下一步发展中值得探索的关键问题。

第二阶段："智能+"边缘。

"智能+"边缘又可称为边缘智能，随着人工智能的发展，"智能+"边缘成为边缘计算的新方向。业务流程、终端部署与人工智能的不断融合，让边缘计算节点具有信息分析与计算能力（即信息感知能力），成为边缘感知的开端。

调查发现，在终端设备直接产生的数据中，只有 10%是关键数据，其余 90%都是无须长期存储的临时数据，在决策和分析阶段可用的有价值数据仅占 1%。因此，"智能+"边缘可以让数据直接在生产端升值，极大地增强本地服务响应效率。此外，当缩短终端设备与计算单元间距离时，数据处理成本也会随之降低，可想而知，当"智能+"沿着网络边缘的链路进行叠加操作时，整个业务流程将会变得功耗更低、时延更短、可靠性更高。尤其是将以卷积神经网络、循环神经网络、生成式对抗网络、深度强化学习等模型为代表的人工智能技术部署于边缘设备，可以极大地拓展传统云服务范围，解决边缘感知服务的"最后一公里"问题。

如图 1-8 所示，"智能+"边缘涉及的主体包括云计算中心、边缘服务器、终端设备 3 类，而人工智能在边缘计算场景的推理模式包括基于边缘服务器的模式、基于终端设备的模式、基于边缘服务器–终端设备的模式和基于边缘服务器–云计算中心的模式，其具体实现方式可划分为"边"智能、"端"智能、"边–端"智能和"边–云"智能，其主要区别为人工智能模型执行推理计算的位置不同。同时，"智能+"边缘更注重智能与产业应用的结合，按照不同场景需求，可以提供相应的"智能+"解决方案。然而，

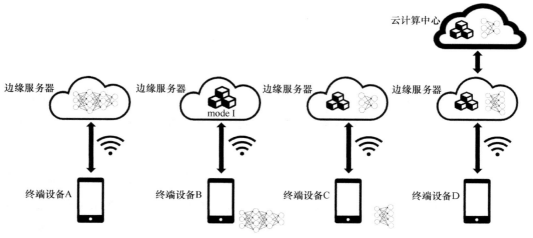

图 1-8 不同边缘智能模式

人工智能模型复杂，各组成部分间依赖性强，在具有明显分布式特征的资源受限网络边缘并行执行时会面临一定的困难。

第三阶段：边云智能体系。

经历了物联网数据和流量的爆发，边缘计算"神经末梢"式的感知模式以及将"智能+"赋能云计算实现云端决策后，边缘智能终于演化为"云-边-端"一体化联合协同的边云智能体系。

边云智能体系最主要的特征为"云-边-端"一体化联合协同。以无脊椎动物中智商最高的章鱼为例，其 60%的神经元分布在腕足上，40%的神经元集中于脑部，这个"头脚并用思考"的生物，就是云端大脑决策与边缘端小脑感知联合协同的有机体。

从云计算、边云协同计算，到边缘智能，再到云边智能，计算方式逐渐从云端下沉到边缘端，"智能+"也从计算、数据能力源头的"第一公里"延伸至边云智能协同落地的"最后一公里"。因此，边云智能不是简单地搭建边云协同计算框架，机械地应用人工智能，而是利用 5G 将边缘端感知内容传输给云端，云端再综合感知信息进行智能决策并反馈给边缘端，进而将人工智能分布至整个链路，融合网络、计算、存储、应用的核心能力，让大数据在网络边缘的智能升值，使边云智能体系与用户、业务深度结合，使体系性能整体提升，并对外提供敏捷连接、实时业务、数据优化、应用智能、安全与隐私保护的智能服务。

可以看到，边云智能的核心理念是"服务"，与传统的云服务不同，边云智能可以提供"云-边-端"一体化的智能服务，尤其是在云原生技术体系中，容器、微服务可为"云-边"端提供软连接，5G、智能芯片可视为承载人工智能应用的硬连接，因此，多端协同、软硬兼容、联合一体是构建边云智能新形态的必然趋势。

不过，随着边云智能的不断演进发展，技术、业务、商业模式等各方面面临的挑战仍然具有不确定性，在标准化、场景驱动、产业链协同、安全隐私等方面依然有大量工作需要完善。

1.3.2 城市大脑

2016 年 4 月，"城市大脑"概念正式提出。"城市大脑"是一种基于海量数据的新型基础设施。它利用人工智能解决人类大脑因计算能力和复杂性而难以处理的城市治理和发展问题。"城市大脑"通过视频图像识别、数据挖掘和机器学习技术，对城市空间中各种来源的大量异构数据进行综合采集、整合、分析和挖掘。"城市大脑"的出现将为城市管理者和城市规划者提供更好的决策解决方案，也将改善城市居民的生活和工作体验。

在城市交通、事件信息的感知方面，城市大脑通过边缘端传感设备进行智能感知。

（1）城市目标识别

城市大脑感知系统中最关键的一步是检测道路上的车辆和行人，因此检测和识别算法的高精度是后续应用的前提。若将所有摄像设备收集到的图像数据都上传至云端进行处理，显然无法满足车辆与行人检测的实时性需求，因此选择在边缘端对车辆和行人进行算法感知，接着将感知到的信息上传至云端进行后续决策更符合实际需求。

（2）城市事件感知

预警城市中的异常事件是城市安全中非常重要的一环。通过异常事件检测算法，边缘端全时区域巡检报警系统可以实时检测各种场景下的异常事件，进而向城管部门进行预警，帮助工作人员快速发现甚至预防异常突发事件，保障城市公共安全和运行效率。为了确保预警的实时性，显然边缘端更加适合部署。

而在城市交通治理方面，城市大脑基于边缘端反馈的大数据进行云端智能决策。

① 城市大脑基于对城市空间不同来源、不同结构数据的采集、整合和分析，优化车流和交通信号，提升城市治理和交通指挥的决策能力。

② 基于时空关系的交通流预测：时空关系是交通流预测的一个重要方面，一条线路的交通状况会受到相邻线路近期交通状况的影响。城市大脑在保持模型可估计性的同时，充分刻画了交通网络中的时空相互作用，在城市道路和高速公路上都具有高精度的预测性能。

③ 基于链路交互和多源数据的车流预测：车辆在行驶过程中，输入车辆在不同站点间的行程时间，根据历史时空信息和实时数据计算当前线路的发展趋势，以及现状与趋势的关系，可以用来估计每个后续车辆的到达时间。

可见，城市大脑通过边缘感知和云端决策，从海量、多模态的数据中获取了不可替代的价值。从认知到优化，再到决策，从搜索到预测，最后到干预，城市大脑深刻改变了我们感知和管理城市的方式，也影响着生活在城市中的每个人。

1.4 "智能+"新潮头

边云智能正处在"智能+"新潮头，在许多行业应用中都有着巨大的发展潜力。面对技术的新融合、应用行业的多维度、新兴市场的大繁荣，它既是信息产业领域未来竞争的制高点，也是产业升级的核心驱动力，其发展必将引发新一轮信息技术产业革命，未来可期，大有可为。

1.4.1 "智能+"技术新融合

从物联网的边缘计算，再到"云-边-端"一体化的边云智能，新一轮信息技术革命和产业变革正持续深入，尤其 5G 是高带宽、低时延、泛在连接的关键使能技术，是云端决策、边缘感知技术的重要应用场景。

如图 1-9 所示，"智能+"技术体系以 5G 为骨干网络，以边缘计算和云计算构建"云-边-端"一体化模式，利用联邦学习打破数据孤岛，利用人工智能赋能大数据处理。因此，边云智能是新兴信息技术体系的集大成者，是"智能+"潮头的技术推动力。

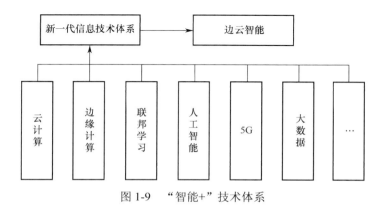

图 1-9 "智能+"技术体系

1.4.2 多维度场景应用

随着移动互联网和智能终端的快速发展，人工智能应用生态从仅采用云计算向边云智能模式不断拓展，尤其在"万物互联"的背景下，边云智能的应用场景极大丰富。随着"智能+"概念的提出，边云智能的应用场景综合化趋势日渐明显。

（1）在智能家居中，可以利用智能硬件、边缘计算网关、网络环境、云平台构成一套完整的智能家居应用生态圈。

（2）在智能零售领域，无人便利店、智慧供应链、客流统计、无人仓储等都是热门的前沿应用方向。

（3）智能交通系统通过对交通中车辆流量、行车速度进行泛在采集和关联分析，将视频要素感知任务的高带宽、低时延需求不断向边缘端倾斜，而将路面交通状况预测等任务交由云端进行，可以有效地提高系统运作性能。

（4）在智能医疗领域，边云智能体系可以打通医院系统、电子病历、分级诊疗等环节，既可以提高诊疗服务个性化水平，又可以提升数据治理的智能化水平。

（5）在无人驾驶场景中，按照系统工程思维，人工智能技术与边云智能场景深度融合应用，集成惯导、视觉传感器、激光雷达等硬件设备与深度神经网络、强化学习等智能模型于一体，正不断将无人驾驶从 L4 级推进到 L5 级。

据中国信息通信研究院测算，预计 2020 年到 2025 年，以边缘智能为代表的新一代信息技术将直接带动经济总产出约 10.6 万亿元，直接创造经济增加值 3.3 万亿元。此外，国家新一代信息技术创新发展试验区以及近年来的"科创板"也被不少高新企业视为理想的融资渠道。同时，在边云智能体系的市场中，新一代信息技术和相关产业融合的步伐不断加快，融合软件定义、数据驱动、平台支撑、服务增值、智能主导的新型"智能+"体系关注度不断攀升，未来大有可为。

2020 年 3 月，中共中央政治局常务委员会会议上提出的新型基础设施建设（即"新基建"）为"智能+"市场的进一步发展和繁荣指明了方向，尤其是与传统基建相比，以 5G、人工智能、物联网为代表的新型信息化数字化基础设施建设的内涵更加丰富，涵盖的范围更广，更好地体现数字经济的特点，更侧重于突出产业转型升级，能够更好地促进我国经济健康发展，符合加快高新技术发展的趋势。

本 章 习 题

1. 边云智能经历了哪几个发展阶段？

2. 边云智能的产生受哪些技术的发展促成？

3. 什么是边云智能？

4. 简述边云智能的应用场景。

第2章

边云架构

 本章导读

早在电信时代，程控交换中心、程控交换机、电话便形成了早期的"中心–边缘–端"架构形态；在互联网时代，数据中心、内容分发网络（CDN）、移动电话/计算机延续了这种架构形态；到边云智能时代，低时延、大带宽、高并发和本地化的计算服务需求激增，终端算力上移，云端算力下沉，边缘端算力融合，云计算中心、小（边缘）数据中心/网关、智能终端传感器则形成了明显的"云–边–端"层次结构，这正是边云智能的核心架构。因此，"云–边–端"天然互补，相辅相成，缺一不可。

本章以系统工程方法论为指导，介绍系统工程的相关理论，以建立边云智能的"云–边–端"体系架构为目标，重点讲解"云–边–端"体系架构的概念框架、层次结构、协同模式和度量指标，最后指出重要的前沿发展方向。

本章学习目标

（1）掌握系统工程方法论的基本方法；

（2）掌握边云智能的核心概念框架；

（3）了解"云–边–端"体系架构的层次结构；

（4）了解边云智能场景下的四种协同模式；

（5）掌握衡量模型性能的常见度量指标；

（6）了解边云智能架构的应用方向。

2.1　系统工程方法论

2.1.1　概述

1978 年，钱学森指出："系统工程是组织管理系统的规划、研究、设计制造、试验和使用的科学方法，是一种对所有系统都具有普遍意义的科学方法"。因此，系统工程是组织管理系统的一种综合技术，涉及线性规划、非线性规划、博弈论、排队论、库存论、决策论等一系列运筹学方法。

系统工程所研究的问题具有多主体、多属性和多层次特征，所涉及的优化和决策方法具有交叉融合的特点，其研究对象是由相互联系、相互制约的多个组成部分构成的整体，可以利用运筹学理论和方法以及信息技术进行分析、预测、评价、综合集成，从而使系统性能达到最优。因此，系统工程既是技术过程，又是管理过程，其技术过程遵循"分解-集成"的系统论思路和渐进有序的开发步骤，管理过程包括技术管理过程和项目管理过程。

系统工程研制的本质是工程系统建模的过程，即技术过程层面的系统建模、分析、优化和验证，以及管理过程层面的系统建模工作的计划、组织、管理和控制。因此，系统工程既包括系统建模技术，也包括建模工作的组织和管理技术，其中系统建模技术包括建模语言、建模思想和建模工具。

系统工程方法论包括传统的霍尔三维结构、切克兰德软系统工程方法论、钱学森提出的从定性到定量的综合集成系统方法论以及顾基发等创建的物理-事理-人理（Wuli-Shili-Renli，WSR）系统方法论等。系统工程中各阶段逻辑步骤的先后顺序并不严格，在实践中往往会出现反复、循环，如图 2-1 所示。

图 2-1　系统工程的逻辑步骤

2.1.2　基本方法

系统工程方法论是解决系统工程问题的一套思想和原则，也是应用这些方法的一种方式。处理与实物有关的系统的方法论被称为硬系统方法论（Hard Systems Methodology，HSM），而处理高于实物水平的人类系统或两类相互关联的系统的方法论被称为软系统方法论（Soft Systems Methodology，SSM）。

系统工程不仅研究物质系统，也研究非物质系统，并从全局、整体角度处理系统。一方面，硬系统方法论按照目标导向的优化过程，可以解决给定的结构化或程序化问题，但是对于有人参与的社会经济类系统问题却无能为力。另一方面，为了解决具有一系列社会、政治和人文因素的非系统性问题，以问题为导向的软系统方法论发现人们的主观意识与社会系统密不可分，即社会系统是人们主观建构的产物，可以提供一种系统方法，使系统参与者能够自由、公开地讨论，表达不同的世界观，改进系统方案。软系统方法论的步骤如图2-2所示。

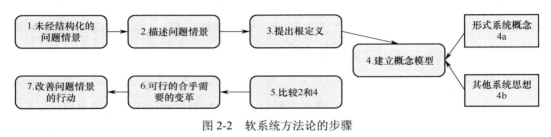

图2-2　软系统方法论的步骤

以处理硬系统工程问题的霍尔三维结构为例，如图2-3所示，其主要涵盖时间、逻辑、知识三个空间维度。

时间维度包括最初规划阶段至后期更新阶段所必须遵循的七大基本程序，即规划阶段（调研、工作程序设计阶段）、拟定方案阶段（具体计划阶段）、研制阶段、生产（施工）阶段、安装阶段、运行阶段和更新（改进）阶段。

逻辑维度明确了时间维度上各个阶段所应遵循的相关逻辑先后顺序，包括问题定义、评价系统设计、系统综合、系统分析、最优化、决策和计划实施。

知识维度阐释了为确保各个阶段、步骤顺利开展所应用的全部知识、技术等。

另外，将时间划分阶段以及逻辑实施步骤进行相应的集成与综合，可以建立用于系统分析、设计、优化的系统工程活动矩阵。

此外，钱学森提出的从定性到定量的综合集成系统方法论在社会、经济、生态等方面也产生了深远影响，具体包括系统建模、系统仿真、系统分析、系统优化、系统运行、系统评价六个方面。

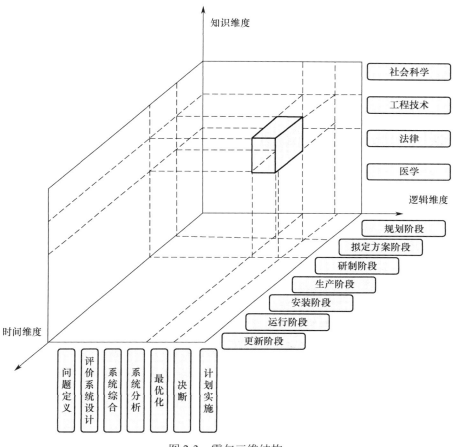

图 2-3 霍尔三维结构

系统建模是指利用数学模型、逻辑模型等描述系统结构、输入/输出关系和系统功能的过程，即用模型研究来反映对实际系统的研究。

系统仿真是借助计算机对系统模型进行系统行为和功能模拟，相当于在实验室内进行系统实验研究。

系统分析是通过系统仿真研究系统在不同输入下的反应、系统动态特性以及系统未来行为的预测等。

系统优化的目的是要找出使系统具有最优、次优或满意的功能策略和决策。

系统运行是指决策的实施过程，即系统的实际运行过程，也是决策的实践检验过程。

系统评价是对系统决策的实施进行全面评价，以找出问题，提出新目标，并开始下一循环。

因此，结合不断演进的"云-边-端"一体化计算新格局，按照系统工程面向过程的状态序列分解，以及由"硬"到"软"再到"整合"的技术脉络，可为边云智能体系架构研究以及主要问题的解决提供从定性到定量的方法论指导，尤其是在体系架构模型的概念框架定义、层次结构设计方面具有极为重要的实践意义。

2.2 边云智能体系架构模型

边云智能不仅依赖于边缘计算、人工智能应用的双重推动，更得益于联邦学习、区块链、5G 等新一代信息技术的合力作用。因此，"云-边-端"三体协同是目前高效、实时、安全解决边云智能的资源需求、任务需求、服务质量、隐私保护等问题的最佳方案。

2.2.1 概念框架

边云智能的核心概念框架可以定义为从数据联合、模型联合和资源整合三个角度出发的"云-边-端"一体化联合智能架构（Federated Intelligent Architecture of Cloud-Edge-Device，FIA C-E-D），以满足边云智能体系中的数据共享、任务协作和资源规划的需求，同时结合联盟区块链、深度强化学习和联邦学习等技术，如图 2-4 所示。该框架既充分考虑了提升整个体系架构的系统功能，又兼顾了"云-边-端"的实际计算、通信、能耗等因素约束。按照系统工程原理，FIA C-E-D 概念框架由实体集合 E 与关系集合 R 构成，其宏观定义为

$$\text{FIA C} - \text{E} - \text{D} = \{E, R\} \tag{2-1}$$

其中，实体集合 E 包括云、边、端三个层次的实体域，具体可分别对应分布式云计算数据中心提供的云服务、边云智能服务、智能终端服务；关系集合 R 包括三个实体域间联系与实体域内部联系，具体涉及数据、模型、资源三个视角下的三大类关系：

（1）边云智能多域实体间多源异构数据的共识、安全信任关系；

（2）分布式人工智能模型推理、训练的协同关系；

（3）计算、存储、网络通信等资源的联合调度关系。

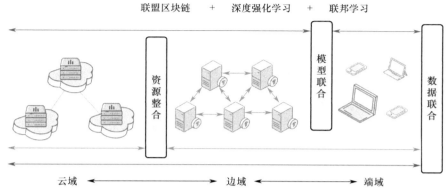

图 2-4 FIA C-E-D 概念框架

FIA C-E-D 概念框架如图 2-4 所示，可采用基于联盟区块链、联邦学习技术解决边云智能体系中"云-边-端"多域实体间数据融合、模型联合面临的安全信任以及共识协同问题，基于深度强化学习的计算迁移模型解决算力、存储、网络通信等资源受限调度问题，具体可从以下三个方面进行考虑。

（1）基于轻量级联盟区块链的联邦学习模型

从安全性维度建立面向边云智能的应用体系，利用联邦学习、轻量级联盟区块链建立多域数据、模型资源的安全联合机制。

首先，通过对轻量级联盟区块链的共识机制的设计，可以增强体系的容错性、防恶意攻击，以及数据防篡改、防泄漏、可溯源能力，从而解决多域数据的安全联合问题；然后，设计基于本地差分隐私的联邦学习模型参数安全加密机制，并通过将模型参数上传至联盟区块链，解决模型的安全联合问题。最终，通过基于轻量级联盟区块链的联邦学习模型，实现跨域可信的资源安全联合。

（2）面向"云-边-端"联合架构的轻量级神经网络压缩方法

目前，边云智能的核心功能，如目标检测、态势感知和精准推送，都是由深度神经网络模型完成的，因此有必要考虑如何在计算能力和通信等资源有限的环境中面向"云-边-端"联合架构构建一个轻量级的神经网络模型，以及如何安全地训练和推理这个模型，这将实现多域任务的智能协作。

针对"云-边-端"联合架构各域的计算能力特点，开发适合"云-边"的模型压缩方法，然后将轻量级模型下发至边缘端，基于"边-端"的联邦学习模式，轻量级模型将使用来自终端用户的个性化数据进行训练和完善，以确保模型训练和推理的安全要求。最后，将模型进行压缩，得到满足计算密集型任务需求的高可用性、轻量级神经网络模型，能够在移动终端上运行，即使在远端没有云资源的不利条件下也能减少任务执行时间。

（3）基于深度强化学习的低时延动态资源调度

在边云智能系统中，部分以高性能神经网络模型为基础的时延敏感任务不能在有限资源条件下的移动终端正常工作，因此，需要研究"云-边-端"联合架构下低时延动态资源优化问题。

此外，在实际部署中，可以开发"云-边-端"一体化联合智能架构的多维度协同机制，包括高度分散的终端节点、冗余完备的边缘节点、强大的云端中心节点，形成动态、弹性的层次结构边云智能体系。不同层级云及同层级云水平方向的协同机制提高了单个云的可靠性及应对突发情况的能力；端云协同机制用于解决动态环境下的计算任务迁移问题；终端间、端边间协同机制用于完成移动设备的多维资源调度和联合处理，如算力、内存和网络通信。

2.2.2　层次结构

边云智能是融合云计算、边缘计算范式和人工智能等技术的"云-边-端"三体协同体系，通过在"云-边-端"间进行内容（任务）转发、存储、计算、智能分析决策等工作的协同联合，可以提供低响应时延、低带宽成本、全网调度、算力分发等端到端服务。

需要着重指出的是，边缘端紧贴用户场景，可以提供面向不同垂直行业场景的数据预处理或本地服务闭环管理运维，云端通过统一管理边缘节点资源和业务能力，支撑边缘节点的注册发现、配置管理、业务下发、运维信息上报等部署场景，"云-边-端"层次结构如图2-5所示。

从系统工程角度，边云智能的层次结构可以划分为内边缘、中边缘、外边缘三层。

（1）内边缘

内边缘以分布式云计算数据中心为核心，是一套云原生的协同开放架构，可将丰富的云端业务能力延伸到边缘节点，实现容器、设备、应用集成、视频业务能力的协同，支撑快速构建边缘端业务处理能力，提供涵盖端侧设备、应用、视频数据的连接，按需承载物联感知、人工智能推理、应用集成、近场计算、大数据决策等解决方案。

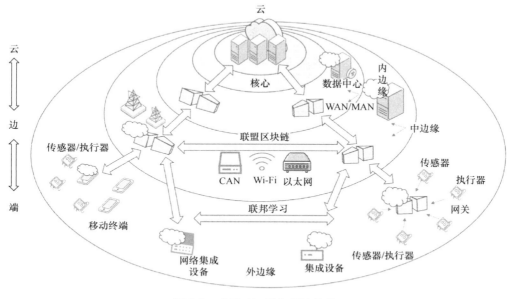

图 2-5 "云-边-端"层次结构

（2）中边缘

中边缘包括多种网络接入环境和边缘计算设备，主要由两种类型的网络组成，即局域网和蜂窝网络。局域网包括以太网、无线局域网和校园区域网络；蜂窝网由宏蜂窝、微蜂窝、微微蜂窝和毫微微蜂窝组成。中边缘涵盖了用于托管云端服务的各种设备。

（3）外边缘

外边缘也被称为极端边缘或远边缘，代表边云智能的最前端，包含资源受限设备、集成设备和 IP 网关设备三类设备，如传感器、执行器、智能移动终端等。

按照系统工程的实体和关系分析方法，边云智能体系架构模型的本质是对云、边、端三个主体域的垂直划分，而主体域之间的关系描述则以协同关系为核心。接下来我们将详细讲解"云-边-端"间的不同协同模式，以期从更多维度展现边云智能的架构体系。

2.3 协同模式

在 5G 时代，终端算力上移、云端算力下沉，在边缘端形成智能融合。然而，边云智能面临智能算法资源需求与边缘端设备资源受限、服务质量与隐私保护、智能应用需求多样化与边缘端设备能力有限等多对矛盾。按照"纵向到端、横向到边、全域覆盖"的思路，实现"云-边-端"多域主体间的全局性协同是解决上述矛盾的关键。协同模式如图 2-6 所示。本节从边云智能场景下的四种协同模式出发，讨论"云-边-端"天然互补的协同关系。

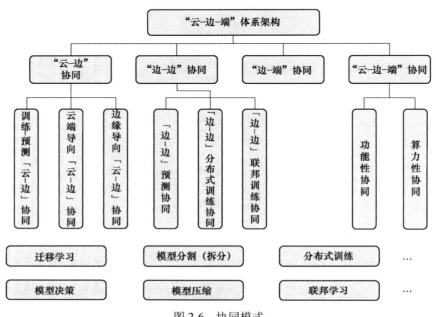

图 2-6　协同模式

2.3.1　"云-边"协同

"云-边"协同是目前研究和探索最多的一种协同模式，边缘端负责本地计算和存储数据，而云端负责分析挖掘大数据和训练升级算法。在"云-边"协同中，云端和边缘端有以下 3 种协同模式。

（1）训练-预测"云-边"协同

云端根据从边缘端上传的数据开发、训练和更新智能模型，而边缘端则负责收集数据并根据实时数据下的最新模型进行预测。这种协同模式已被用于许多领域，如无人驾驶汽车、机器人控制、视频识别等。Google 的 TensorFlow Lite 框架可以作为开发这个模型的入门工具。

（2）云端导向"云-边"协同

除了训练模型，云端还进行一些预测工作。例如，云端执行模型前端的计算任务，然后将中间结果下发到边缘端，继续进行预测工作。这种协作模型的关键是在模型中找到计算和通信消耗之间的平衡点，这一点仍在研究之中，在现实世界中的应用很少。

（3）边缘导向"云-边"协同

云端只负责初始训练工作，边缘端除了实时预测，还利用自身数据训练模型，使最终模型能够满足终端的个性化需求。该协同模式也处于研究阶段。

在"云-边"协同中，涉及的关键技术主要包括迁移学习、模型分割和模型压缩。

① 迁移学习

在传统的"云-边"协同的情况下，迁移训练节省了标记样本所需的人工时间，并允许模型从现有的标记数据迁移到未标记的数据，从而将源域映射到目标域，并训练模型应用到目标域。在边云智能场景中，模型需要适应不同的场景，因此可以利用迁移学习来保留模型的初始信息，然后用新的训练集来更新模型，从而获得适应新的边缘场景的智能模型。

② 模型分割

云导向的"云-边"协作要求对较大的神经网络模型进行切分，以实现一部分在云端工作，一部分在边缘端工作。因此，有必要找到正确的分割点，将尽可能多的计算复杂的工作留在云端，然后在通信最少的地方分割模型，将中间结果传输到边缘端，在计算和通信之间进行权衡。

③ 模型压缩

为了有效地训练边缘导向"云-边"协同中部署在边缘端的模型，克服边缘端计算能力有限的问题，可以采用神经网络模型压缩技术，即通过参数共享和剪枝来减少不重要的模型参数，以减小网络规模和计算能力需求、存储和通信成本。此外，权重量化也可以减少模型的计算量。

2.3.2　"边-边"协同

边缘端与边缘端之间的"边-边"协同主要用于解决以下两个问题。

（1）单个边缘端计算能力有限，需要多个边缘端协同配合，提升系统整体能力。例如，利用单个边缘端进行神经网络模型训练既耗费大量时间和算力，又容易因数据有限导致模型过拟合（为了得到一致假设而使假设变得过度严格）。因此，需要"边-边"协同训练。

（2）"数据孤岛"问题。边缘端的数据源是非常局部的，需要与其他边缘端进行协同，以达成更大的数据范围的任务。

"边-边"协同有以下 3 种协同模式。

（1）"边-边"预测协同

云端完成模型的训练，根据边缘端计算能力拆分模型，并将其分配给边缘端设备，使每个边缘端设备执行模型的一部分，从而减少计算负荷。这种模式通常适用于计算能力有限的边缘端之间，如移动电话和便携计算机。

（2）"边-边"分布式训练协同

模型的全部或部分由边缘端拥有，并被作为计算节点来训练模型，训练集来自边缘端本身产生的数据。训练好的模型的参数在中心节点（参数服务器）进行更新，以根据协作规则获得完整的模型。因此，开发一种高效的参数更新算法来平衡带宽消耗和模型精度是该协作模型的一个研究热点。

（3）"边-边"联邦训练协同

为了确保数据的安全性和保密性，一个边缘节点维护一个最佳模型，每个边缘节点作为一个计算节点参与模型的训练，并在不违反保密规则的情况下更新该节点的参数。与"边-边"分布式训练协同相比，这种模式注重数据的保密性，边缘节点拥有数据，可以独立决定何时参与学习，而在分布式学习中，中心节点占据主动，有权管理边缘的未使用资源。

在"边-边"协同中，涉及的关键技术主要包括模型拆分、分布式训练和联邦学习。

① 模型拆分

与云端到边缘端的协作类似，边缘端到边缘端的协作也需要对模型进行拆分，而且不同边缘端和边缘端资源的动态特性要求模型的分割数量和分割点的位置更加多样化，往往要考虑运行时资源的动态性，以平衡资源利用率、推理精度、处理速度、能源成本等。

② 分布式训练

在云端感知的情况下，边缘端的未使用资源可以用来训练模型。然而，与云计算分布式训练不同的是，边缘端的计算能力差异很大，同一边缘端的计算能力在不同时期也不相同。因此，需要考虑到边缘端资源的动态变化以及不同地理位置的速度、链接质量和带宽的差异。

③ 联邦学习

在保障数据交换安全和隐私的前提下，联邦学习使用多个计算节点来更新模型，即在一个公共的节点中创建一个虚拟的共享模型，其他节点根据隐私规则的约束来更新这个节点的参数，最终形成一个最佳模型。联邦学习最初由 Google、微众银行和平安银行等公司使用。

2.3.3　"边-端"协同

"边-端"协同中的"端"指智能终端设备，包括传感器设备、摄像头、工厂机械设备等。"边-端"协同主要解决的是提高边缘端的能力问题。终端负责收集数据并将其发送到边缘端，同时接收来自边缘端的指令以执行具体操作；边缘端负责集中计算来自多个来源的数据，向外界提供指令和服务。这种模式被广泛用于智能家居和工业物联网，并已成为部署人工智能应用的关键环节。

在"边-端"协同中，涉及的关键技术主要包括模型轻量化和模型决策。

（1）模型轻量化

在"边-端"协同下，边缘端作为计算任务的主体和系统的核心中枢，需要承担更多的计算任务。因此，资源受限场景下的模型压缩和轻量级模型设计显得尤为重要，需要在保证模型精度的同时，大规模降低模型的参数数量。

（2）模型决策

目前，深度神经网络模型的规模越来越大，参数数量也越来越多，但在边云智能场景下，受限的终端资源无法运行适用于云端的大规模模型，而且不同场景对准确率也有不同的要求。因此，模型决策可以用来平衡模型的资源消耗量和准确率，牺牲一部分准确率以换取较好的实时性，进而得到最符合边云智能场景需求的模型。

2.3.4 "云-边-端"协同

"云-边-端"协同将利用整个链路上的算力、智能等资源，并将智能分布在由"云-边-端"构成的一体化连续频谱上，以充分发挥不同设备的优势，全方位地解决各个主体域的矛盾。"云-边-端"协同主要分为功能性协同和算力性协同两种协同模式。

（1）功能性协同

不同的设备有不同的功能，这取决于它们所处的地理空间和它们承担的角色。例如，终端负责收集数据，边缘端负责预处理数据，云端负责处理来自许多来源的数据并提供服务。

（2）算力性协同

基于不同设备的计算能力，不同级别的计算设备执行不同的计算任务，对计算能力的要求也不同，包括任务的纵向分割和分配等。

在"云-边-端"协同的一般模式中，云端通常以分布式云计算数据中心为支撑，支持微服务、容器、DevOps等云原生技术体系，对边缘端上传的数据进行挖掘、分析、应用，同时对算法模型进行训练和迭代，并将优化后的模型分发到边缘端，以保证边缘端及终端设备智能模型的不断更新和升级，进而完成动态迭代闭环；边缘端具备资源分配、数据处理和本地决策能力，实现终端设备接入控制、动态调度、多节点协同、数据清洗缓存、低时延响应等功能；终端具备本地计算、"边-端"协同和完全卸载能力。

"云-边-端"协同所涉及的关键技术涵盖了前文介绍的各类技术，包括模型分割、模型压缩、联邦学习等。除此之外，在系统级别上，"云-边-端"协同技术还包含大数据治理、联盟区块链、任务调度优化等技术。在硬件级别上，"云-边-端"协同技术还包括专用芯片、嵌入式开发等，相关内容会在后续章节介绍，这里简单了解即可。

通过结合覆盖"云-边-端"多域主体的层次结构和多种协同模式，可以初步实现边云智能的概念框架。如何从边云智能的概念模型进一步向落地应用迈进呢?则需要通过相关度量指标对边云智能体系进行评估和验证。

2.3.5 度量指标

在"云-边-端"体系架构中，度量指标是衡量模型性能的关键和重要依据。针对不同的优化问题,这些指标既可以是优化目标,也可以是问题约束。本节将讨论边云智能中性能、资源使用、成本、能耗、服务质量、安全性等指标。

（1）性能

性能指标涉及应用性能和系统性能两部分。

① 应用性能与执行时间、时延和吞吐量相关,任务完成时间可能取决于多个任务的计算时间以及资源间的数据传输时间,总执行时间取决于计算和传输步骤的关键路径。

② 系统性能根据应用程序的时延进行评估,时延可分为处理时延和传输时延,应用处理所有任务花费的时间称为处理时延,将数据包发送到目的地的通信时延称为传输时延。在资源调度问题中性能评估使用较多,通常用来评估调度和缓存求解器的可扩展性,并分析连接到云端传感器的平均等待时间和吞吐量。

（2）资源使用

由于边云智能终端设备的容量有限,为设备分配任务时需要考虑当前可用的资源,通过负载分析可以优化任务配置,尤其对稀缺资源的高效使用至关重要。以 CPU 和内存为代表的边云智能终端的资源是有限的。在某种程度上,可以牺牲执行时间来换取 CPU 的使用,对于某些非时间敏感型的应用程序而言,这是可以接受的。此外,内存资源消耗对运行大型深度神经网络模型也构成了严格的限制。

除了 CPU 和内存,智能终端设备和边缘端资源之间以及边缘端资源和云端之间的网络带宽也是稀缺资源;尤其,不同设备间地理位置隔离,通信在不同的计算层级间协同,带宽的限制是一个挑战。值得注意的是,与性能指标（可以称为跨越多个资源的全局度量）不同,资源使用需要分别在每个边云智能节点和链路上考虑资源消耗情况。

（3）成本

在边云智能中,大量依托云端资源,无疑会大大增加服务成本,而智能终端大量的野蛮部署也会增加管理成本。同时,将数据回传至云端,算力消耗与传输成本都是巨大的。因此,云端算力下沉、终端数据上移、边云智能融合不仅是对计算存储、网络资源的优化配置,更是对成本的极大节约。

（4）能耗

能源也可被视为稀缺资源,但与其他资源类型不同,所有资源和网络都消耗能源,即使空闲资源和未使用的网络元素也消耗能源，且其能耗随着使用的增加而增加。同时，能耗还取决于功率消耗的时间量。能源对于边云智能"云-边-端"架构的每一层级都是重要的，在智能终端设备方面，电池电量通常是其性能的决定因素；在边缘端资源方面，通常不由电池供电，故能耗不那么重要；在云端，能耗非常重要，电功率是云计算数据中心的主要成本驱动因素。同时，由系统工程思维可知，边云智能体系与环境密不可分，故其整体能耗也很重要。

（5）服务质量

在边云智能的"云-边-端"体系架构中，许多因素都会影响服务质量（QoS）。例如，网络中可用的计算机资源以及消耗资源的联网终端设备数量，需要根据"云-边-端"个性化需求与优势，实现各类设备、用户的管理与控制，对外提供最合适、最经济的计算发生位置。

（6）安全性

上述度量指标容易被量化，然而，可靠性、安全性和隐私这些涉及体系架构安全的指标却难以被量化。沈昌祥院士曾指出："任何一个安全模型，如果在现实社会找不到对应，那么这个模型一定是错的，因为它违反了社会规律。"因此，现实中无法通过优化问题来达到安全目的，而应该通过适当的架构和技术解决方案来保障安全。例如，可以通过增加冗余计算来实现可靠性，通过适当的加密技术来实现安全性，通过匿名化保护个人数据的隐私性。

需要注意的是，为达到安全的优化目标，其解决方案通常与成本、性能相冲突。例如，增加冗余可能会提高可靠性，但同时它会导致更高的成本。同样，从安全性的角度来看，偏好具有高信誉度的服务提供商是有利的，但也可能导致更高的成本。因此，度量指标通常是冲突和目标之间的最佳权衡。

2.4 边云智能架构应用

2.4.1 "云-边-端"区块链

"云-边-端"区块链技术集 P2P 网络技术、共识算法、跨链技术、分布式哈希技术、自证明文件体系以及 Git 等技术于一体，按照面向边云智能的"区块链互联网"模式，在云计算、边缘计算、5G、区块链等技术助力下，实现"万物互联，无处不在"的基础性创新应用。例如，分布式网络分发协议链是基于分布式数据存储与点对点传输的"云-边-端"底层公链，可以为分布式、低时延、高密度连接场景提供强大的第三方服务能力。

Polar Chain 是星际比特公司推出的面向边云智能的去中心化对等网络生态系统，如图 2-7 所示，其优势如下。

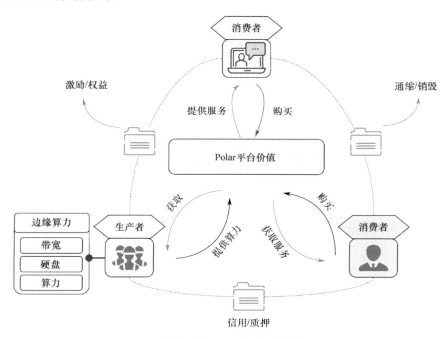

图 2-7　Polar Chain 价值体系

（1）降低时延，扩展带宽。边缘计算利用本地部署的优势，在边缘网络进行数据处理和存储，分散化布局对网络带宽的要求更低，加之距离用户终端较近，因此时延得到有效缩短。

（2）获取网络需求定位。当终端接入无线网络时，本地计算节点可以确定设备的地理位置，识别用户的网络需求，提供基于位置和用户的分析。

（3）资源本地化。在本地部署的边缘计算平台相对独立，可以更加轻松地利用本地资源，发展本地服务和应用。

（4）支持设备异构性。边缘计算平台提供新的入口，支持多样化的异构软件设备。

（5）提高资源利用率。很多智能终端在非工作状态时处于闲置状态，边缘计算可以在无线网络中对其加以利用，实现物理资源共享。

可以说，Polar Chain 就是"云-边-端"架构下传统边缘计算和区块链技术的有机结合，在视频加速、在线 VR.CDN 服务扩展、物联网、车联网等边云智能场景中具有广阔的发展前景。人工智能和区块链结合形成的去中心化计算范式将成为下一代 IT 基础设施。

2.4.2 "云-边-端"一体化机器人系统

机器人的发展历程（如图 2-8 所示）可划分为机器人 1.0、2.0 和 3.0 阶段，实现从感知到认知、推理、决策的智能化进阶，而在即将到来的机器人 4.0 时代，云端大脑分布在"云-边-端"的全链路，依托边云智能体系提供更高性价比的服务，具备规模化的感知、智能协作、理解、决策、自主服务的能力。

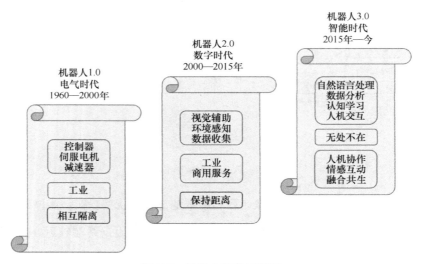

图 2-8　机器人的发展历程

作为机器人 4.0 的必由之路，"云-边-端"一体化的无缝协同计算将克服网络带宽以及时延的制约，形成以机器人本体边缘计算为主，云端处理非实时、大计算量的任务为辅的系统架构，无缝地在"云-边-端"上合理地处理基于高清摄像头、深度摄像头、麦克风阵列以及激光雷达等传感器采集的海量数据，实现精准感知理解环境、多模态感知融合、实时安全计算、终端计算（机器人本体）-边缘计算-云计算协同的自适应人机交互功能。

其中，在实时安全计算方面，未来服务机器人将处理大量涉及用户隐私的数据（如视频、图像、对话等）。"云-边-端"一体化架构可以构建隐私数据的安全传输、存储、监测机制，并且限定其物理范围，保证机器人系统即使被远程攻击劫持后也不会造成物理安全损害。此外，按照边云智能模式，边缘服务器可以在网络边缘、靠近机器人的地方处理机器人产生的数据，减少对云端处理的依赖，形成一个高效的"云-边-端"一体化机器人系统。

图 2-9 是"云-边-端"一体化机器人架构，我们可以看到信息的处理和知识的生成与应用是在"云-边-端"上分布式协同处理完成的。云端提供高性能计算、模型训练支持、通用知识存储以及大数据决策；边缘可以提供有效的算力支持，并在边缘范围内实现协同和共享；机器人终端完成推理引擎部署、实时感知、协同计算、任务迁移等能力，在"云-边-端"一体化架构下支撑机器人获得认知能力的持续进化。

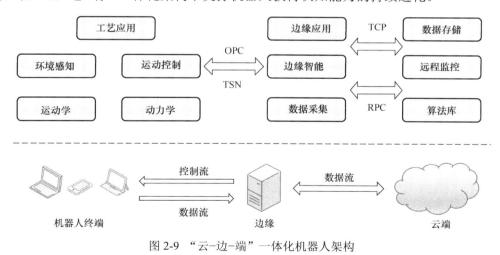

图 2-9　"云-边-端"一体化机器人架构

本 章 习 题

1. 请简要阐述系统工程的概念。

2. 简单介绍霍尔三维结构。

3. 边云智能概念框架宏观定义是什么？

4. "云－边－端"层次结构是如何划分的？

5. 简单介绍边云智能体系架构的 4 种协同模式。

6. 列出 5 种以上衡量"云－边－端"体系架构模型性能的度量指标。

7. 简单介绍"云－边－端"体系架构的应用方向。

第3章

深度学习

本 章 导 读

现在很多设备都被称为智能设备，包括智能家居、智能汽车等，而这些东西的智能来自某种形式的人工智能或者机器学习技术。通过深度学习技术的赋能，边缘端设备不仅可以降低网络时延和运营成本，还可以提高安全性，释放分布式智能的能力。例如在边缘端设置包含多个隐层的人工神经网络，可以对边缘端产生的大量数据进行快速处理，迅速学习到能反映数据本质属性的特征，这些感知信息对可视化和分类等任务有很大帮助。除了在边缘端应用深度学习技术，从所有边缘端收集并汇聚于云端的海量大数据的处理与决策同样需要依赖于深度学习相关技术。

如今深度学习早已不再局限于应用在大型数据中心，其可以通过边云智能架构下沉至网络边缘，可以大大减少计算的时延，提高性能以及降低带宽需求，使设备在没有网络连接的情况下也能继续运行。深度学习是边云智能体系中重要的智能基础，它使我们的生活与管理决策变得更加智能，因此，本章将向读者介绍深度学习的概念及其代表性技术。

本章学习目标

（1）了解深度学习的发展；

（2）了解典型的前馈神经网络；

（3）了解典型的反馈神经网络；

（4）了解 Transformer 模型。

3.1 深度学习概念

根据维基百科给出的定义，深度学习（Deep Learning）是机器学习的分支，是一种以人工神经网络为架构，对资料进行表征学习的算法。

3.1.1 人工智能与机器学习

1956 年，约翰·麦卡锡等人发起达特茅斯会议，旨在召集志同道合的人共同讨论"人工智能"，由此诞生出人工智能的概念。当时人工智能的先驱们梦想着用那时刚出现不久的计算机来构造复杂且拥有与人类智慧同样本质特性的机器，这样的机器也被称为"强人工智能"（General AI），它有着我们所有的感知（甚至比人更多）和我们所有的理性，可以像我们一样思考。

现如今，计算机迅速发展，已经成为日常生活办公的必需品，计算能力远远超越当年的计算机，但人工智能发展还远达不到强人工智能所描述的那样。人类目前能实现的人工智能，一般被称为"弱人工智能"（Narrow AI），它指机器能够像人一样，甚至比人更好地执行特定任务的技术。例如，Pinterest 上的图像分类或者 Facebook 的人脸识别，这些是弱人工智能在实践中的例子。那它们是如何实现的呢？这种智能从何而来呢？这就需要用到机器学习的相关技术。

机器学习是实现人工智能的一种方式，即把机器学习作为解决人工智能问题的手段。经过近 30 年的发展，它已经发展成为一门涉及概率论、统计学、逼近论、凸分析、计算复杂性理论等诸多学科的技术，因此我们可以认为机器学习是人工智能的核心。机器学习最基本的方法是使用算法来分析数据，并从中学习，然后对现实世界中的事件做出决策和预测，与硬编码解决特定任务的传统软件程序不同，机器学习使用大量数据进行"训练"，并通过各种算法自动学习如何从数据中完成任务。例如，机器学习最成功的应用领域——计算机视觉，仍然需要构建大量的手动编码来完成工作，人们需要手动编写分类器和边缘检测过滤器，以便程序能够识别物体从哪里开始，到哪里结束。例如编写一个形状检测程序，判断被检测物体是否有 8 条边；编写一个分类器来识别单词

"STOP"。使用这些手写分类器，人们最终可以开发算法来感知图像并确定它是否是停车标志。通常，按照模型学习的方式，机器学习方法可以分为三类。

（1）无监督学习，指的是自动从信息中寻找规则并将其划分为各种类别，有时称为"聚类问题"。

（2）监督学习，监督学习指的是给数据一个标签（标签即该数据对应的正确"答案"），运用模型预测结果。例如有一个水果，我们根据水果的形状和颜色去判断到底是香蕉还是苹果，这就是一个监督学习的例子。

（3）强化学习，是指可以用来支持人们去做决策和规划的一种学习方式，它是一种反馈机制，对人类的一些动作和行为进行奖励，通过这种反馈机制促进学习，类似于人类的学习，因此强化学习是当前研究的重要方向之一。

3.1.2 深度学习

机器学习和深度学习是有区别的。机器学习是指计算机算法能够像人类一样从数据中寻找信息并学习一些规律的能力。深度学习虽然是机器学习的一种，但是深度学习利用深度神经网络让模型变得更加复杂，从而让模型能够更深入地理解数据。

深度学习是机器学习中基于数据表征学习的一种方法。其动机是建立和建模人脑的神经网络以进行分析和学习，它通过模仿人脑的机制来解释图像、声音和文本等数据。与机器学习方法一样，深度学习方法也有监督学习和无监督学习之分，不同的学习框架下建立的学习模型是不同的。例如，卷积神经网络（Convolutional Neural Networks，CNN）就是一种监督学习的机器学习模型，而深度置信网络（Deep Belief Nets，DBN）就是一种无监督学习的机器学习模型。

那既然有深度学习，是否对应有"浅度学习"呢？答案是有！而通常我们将"浅度学习"称为浅层学习。

（1）机器学习的第一次浪潮——浅层学习

20 世纪 80 年代后期，人工神经网络反向传播（Back Propagation，BP）算法的实现给机器学习带来了希望，掀起了一股基于统计模型的机器学习浪潮，这种热潮一直持续到今天。人们发现，使用 BP 算法可以让人工神经网络模型从大量训练样本中学习统计规律，从而对未知事件做出预测。这种基于统计的机器学习算法在许多方面优于过去基于手动规则的系统。虽然此时的人工神经网络也被称为多层感知器（Multi-layer Perceptron），但它实际上是一个仅包含一层隐层节点的浅层模型。20 世纪 90 年代，各种浅层机器学习模型相继被提出，如支持向量机（Support Vector Machines，SVM）、Boosting、最大熵法（Logistic Regression，LR）等，这些模型的结构可以基本上分为有一层隐层节点（如 SVM、Boosting），或者无隐层节点（如 LR）。这些模型在理论分析和应用上都取得了巨大的成功。与人工设计特征的方法相比，浅层学习的理论分析的难度和训练方法需要大量的经验和技巧，这一时期的浅层人工神经网络反而相对沉寂。

（2）机器学习的第二次浪潮——深度学习

2006 年，加拿大多伦多大学教授、机器学习领域的大师 Geoffrey Hinton 在《科学》杂志上发表了一篇文章，开启了学术界和工业界的深度学习浪潮。这篇文章有两个主要观点：一个观点是具有多层隐层节点的人工神经网络具有出色的特征学习能力，学习到的特征对数据有更本质的描述，有利于可视化或分类；另一个观点是深度神经网络训练的难度可以通过"layer-wise pretraining"有效克服。在这篇文章中，逐层初始化是通过无监督学习来实现的。

目前分类、回归等学习方法大多为浅层结构算法，在有限样本和计算单元的情况下表达复杂函数的能力有限，其对复杂分类问题的泛化能力在一定程度上受到限制。深度学习可以通过学习深度非线性网络结构实现复杂函数逼近，表征输入数据的分布式表示，展示出从少量样本集中学习数据集本质特征的强大能力。

深度学习的本质是通过建立一个具有很多层隐层节点和海量训练数据的机器学习模型来学习更多有用的特征，从而最终提高分类或预测的准确性。因此，"深度模型"是手段，"特征学习"是目的。与传统的浅层学习相比，深度学习的不同之处有以下几点。

① 模型结构的深度不同，深度学习通常有 5、6 层，甚至 10 层隐层节点；

② 深度学习明确了特征学习的重要性，即通过逐层特征变换，将样本在原始空间中的特征表示变换到新的特征空间中，从而使分类或预测变得更加容易。

与通过人工规则构造特征的方法相比，利用大数据学习特征能够更好地描述数据丰富的内部信息。

3.1.3　神经网络

深度学习的概念起源于人们对人工神经网络的研究,因此深度学习本身的发展也可以简单理解为神经网络的发展。例如,具有多层隐层节点的多层感知器是一种深度学习结构,它通过组合低级特征形成更抽象的高级表示属性类别或特征,从而发现数据的分布式特征表示。随着神经网络的不断发展,越来越多的人工神经网络模型也被创造出来,具有代表性的就是前馈神经网络和反馈神经网络。

3.2　前馈神经网络

前馈神经网络是最基本的人工神经网络结构,也是研究最深入、应用最广泛的一种人工神经网络。由于没有反馈环节,所以前馈神经网络必然是稳定的。相对于反馈神经网络,其理论分析简单一些。从感知器模型到 BP 网络,再到卷积神经网络,反映了人工神经网络研究发展的一条主线。BP 算法是最著名的人工神经网络学习算法,其第一次真正引爆了神经网络的强大活力,而卷积神经网络则再次掀起了神经网络风暴。

3.2.1　感知器模型

感知器(Perceptron)模型由美国学者罗森布赖特(F. Rosenblatt)于 1957 年提出,是一种早期的神经网络模型,也是最简单的一种神经网络模型。感知器模型中第一次引入了学习的概念。也就是说,我们可以用基于符号处理的数学方法来模拟人脑所具备的学习功能。

但是早期感知器模型采用阶跃函数作为激活函数,当时也没有 BP 算法,无法反向传播梯度,所以只能学习输出层权重而无法学习隐层权重,不具有实用性。直到 1986 年 Rumelhart 和 Hinton 等人提出 BP 算法,把神经元激活函数改为连续可导的 Sigmoid 函数,用反传梯度的思想才解决了前馈神经网络的学习问题。这个思想一直延续到现在,深度学习中仍然使用梯度下降法来解决网络的学习问题。

1. 简单感知器

感知器模型可分为简单感知器和多层感知器。简单感知器只有一层神经元，实际上仍然是 MLP 模型结构。但是它通过监督学习逐步增强模式划分能力来达到学习的目的。感知器处理单元对输入进行加权求和运算后，通过一个非线性函数输出，即

$$o = f\left(\sum_{i=1}^{n} w_i x_i - \theta\right) \tag{3-1}$$

其中，w_i 为第 i 个输入到处理单元的连接权重，θ 为阈值，f 取阶跃函数。如果把激活函数 f 换成 Sigmoid 函数，那么这个模型实际上也就是逻辑回归（Logistic Regression）模型。逻辑回归模型同样可以使用下面的 δ 学习规则来进行训练。感知器的连接权重是可变的，这样感知器就被赋予了学习特性。简单感知器中的学习算法是 δ 学习规则，其具体过程如下。

第 1 步：选择一组初始权重 $w_i(0)$。

第 2 步：计算某一输入模式对应的实际输出与期望输出的误差 δ。

第 3 步：如果 δ 小于给定值则结束，否则继续。

第 4 步：更新权重（阈值可视为输入恒为 1 的一个权重）：

$$\Delta w_i(t+1) = w_i(t+1) w_i(t) = \eta[y - o(t)] x_i(t) \tag{3-2}$$

式（3-2）中的学习步长 η 的取值与训练速度和权重收敛的稳定性有关，y、o 分别为神经元的期望输出和实际输出，x_i 为神经元的第 i 个输入。

第 5 步：返回第 2 步，一直重复到对所有训练样本网络输出均能满足要求。

简单感知器有一个非常致命的缺陷就是不能解决线性不可分问题。线性不可分问题就是无法用一个平面（直线）把超空间（二维平面）中的点正确划分为两部分的问题。线性不可分问题是最简单的非线性问题。现实世界中的绝大部分问题都是非线性问题，线性问题往往是对非线性问题在局部的简化。简单感知器不能解决线性不可分问题，就说明这个模型在现实世界中的应用极其有限。

2. 多层感知器

简单感知器只能解决线性可分问题，不能解决线性不可分问题。形象地说，一个简

单感知器只能在二维平面上画一条直线，如图 3-1 所示，但是如果能够画多条直线的话，那么线性不可分问题就可以解决，如图 3-2 所示。

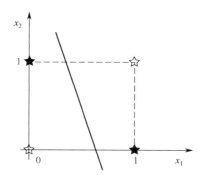

图 3-1　无法用一条直线划分"异或数据"　　　　图 3-2　多层感知器的几何意义

多条直线就对应着多个感知器，把多个感知器级联在一起，用后面的感知器综合前面感知器的结果，这样就构成一个两级感知器网络。两级感知器网络可以在平面上划分出一个封闭或者开放的凸域，一个非凸域可以拆分成多个凸域。按照这个思路，三级感知器网络将会更一般，可以用来识别非凸域，这就是多层感知器的思想。

多层感知器就是由多层简单感知器构成多层前馈网络，同层内神经元互不相连，前一层与后一层之间是全连接（Fully Connection），即前一层的每一个神经元均输出至后一层所有神经元，如图 3-3 所示。一般把输入层和输出层之间的一层或者多层称为隐层。

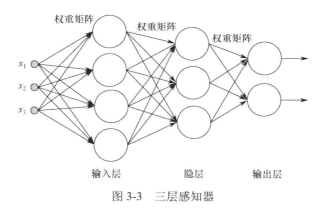

图 3-3　三层感知器

在 BP 算法出现之前的多层感知器只能调节输出层的连接权重，BP 算法出现之后，多层感知器的所有权重矩阵都可以通过梯度下降算法训练得到。

3.2.2　反向传播

反向传播（Back Propagation）算法也称为误差反向传播算法，简称为 BP 算法。采用 BP 算法的前馈神经网络一般简称为 BP 网络。1986 年 Rumelhart 和 Hinton 等人对 BP 算法给出了清晰而简单的描述。BP 算法解决了前馈神经网络的学习问题，即自动调整网络所有权重的问题。BP 算法使前馈神经网络突破了早期多层感知器网络的困扰，能以任意精度逼近任意非线性函数。BP 算法打开了人工神经网络研究的新局面，真正激发了人工神经网络的活力。

1．BP 网络的基本结构

BP 算法是前馈神经网络的学习算法。前馈神经网络的拓扑与多层感知器网络一样，在 BP 算法中网络的所有神经元采用 Sigmoid 函数作为激活函数，通过梯度下降法可以训练出所有层的连接权重。BP 算法中神经元的输入为所有输入信号之和：

$$\mathbf{net}_j = \sum_{i=1}^{n} \boldsymbol{w}_{ij} \boldsymbol{x}_{ij} = \sum_{i=1}^{n} \boldsymbol{w}_{ij} \boldsymbol{y}_i \qquad （3\text{-}3）$$

神经元的输出一般取 Sigmoid 函数：

$$o_j = f(\mathbf{net}_j) = \frac{1}{1 + \mathrm{e}^{\mathbf{net}_j}} \qquad （3\text{-}4）$$

神经元输出也可以取其他函数，如双曲正切函数 tanh。注意，BP 算法中的神经元激活函数必须是处处可微的函数。

BP 网络一般选用三层前馈神经网络，因为可以证明，如果 BP 网络中隐层单元可以根据需要自由设定，那么一个三层前馈神经网络就能够以任意精度近似任意连续函数。

2．BP 算法的基本过程

BP 网络一般用于解决分类、函数拟合和预测等问题。假设有样本集 $S = \{(X_1, Y_1),$ $(X_2, Y_2), \cdots, (X_S, Y_S)\}$。其中，$\boldsymbol{X} = (X_1, X_2, \cdots, X_S)$ 表示输入向量，$\boldsymbol{Y} = (Y_1, Y_2, \cdots, Y_S)$ 表示预期或标准输出向量。BP 算法首先逐一根据样本集中的样本 (X_p, Y_p) 计算出实际输出 O_p，以及其误差 $E_p = \| Y_p - O_p \|$。然后，对各层神经元的权重做一次调整。重复这个循环，一直到所有样本的误差和足够小 $\left(\sum E_p < \varepsilon \right)$。至此，训练过程结束。

BP 算法利用输出层的误差来调整输出层的权重矩阵，并利用这个误差来估计输出层直接前导层的误差,再利用输出层直接前导层的误差来估计上一层的误差,如此便能获得所有其他层的误差估计并将其用于实施对权重矩阵的修改。这个过程就是将输出端产生的误差沿着与输入信号相反的方向逐步传递到输入端的过程,这就是误差反向传播算法名称的由来。BP 算法的基本训练过程如下。

第 1 步:网络权重初始化。初始权重取小随机数,避免饱和状态。各个权重尽量不相同以保证网络可以学习。

第 2 步:向前传播阶段。

① 从样本集中取一个样本 (X_p, Y_p) ,将 X 输入网络。

② 计算相应的实际输出 $O_p = F_L(\ldots(F_2(F_1(X_p W(1))W(2)))\ldots)W(L))$ 。

第 3 步:向后传播阶段——误差传播阶段。

① 计算实际输出 O_p 与相应期望输出 Y_p 之间的误差 E_p 。

② 按极小化误差的方式调整权重矩阵。

③ 累计整个样本集的误差,获得本轮网络误差 $E = \sum E_p$ 。

第 4 步:如果网络误差足够小,则停止训练;否则,重复第 2、3 步。在 BP 算法中误差一般采用 L2 范数度量:

$$E_p = \frac{1}{2} \sum_{i=1}^{m} (y_{pi} - o_{pi})^2 \tag{3-5}$$

上述基本 BP 算法的训练过程实际上采用随机梯度下降(SGD)算法来训练网络,此时,输入样本的先后顺序对训练结果有较大的影响,它更"偏爱"较后出现的样本。另外一种方法是采用批量梯度下降(BGD)算法,即输入一个样本之后,暂且分别累计各个权重的调整量,而不调整权重;待到一批样本都输入完之后,再把一个权重的累计调整量一次性加到该权重上。也就是说,经过一批样本之后,才调整一次网络权重,即:

$$\Delta w_{ij} = \sum_{p=1}^{K} \Delta_p(w_{ij}) \tag{3-6}$$

3. BP 算法存在的问题

BP 算法在逼近函数方面很成功,但是也存在一些问题,主要有以下几个。

(1)收敛速度问题

BP 算法由于使用梯度下降算法,其收敛速度(即学习速度)很慢。在训练中要选代很多步才能使误差下降到足够小。一种改进方法是在权重调整公式中加入动量项，用于平滑权重变化。

（2）局部极小点问题

BP 网络含有大量的连接权重，每个连接权重对应一个维度，则整个网络对应着一个非常高维空间中的误差曲面。这个误差曲面不仅有全局最小点，还有很多局部极小点。在梯度下降的过程中，算法很可能陷于某个误差局部极小点，而没有达到全局最小点。这样就会使网络的学习结果大打折扣。逃离局部极小点的常用思路是在权重搜索过程中加入随机因素，使其能够跳出误差局部极小点而到达全局最小点，这就催生了随机神经网络的思想。

（3）学习步长问题

学习因子（即学习步长）对 BP 算法的收敛速度有很大影响。BP 网络的收敛基于无穷小的权重修改量。如果学习因子太小，则收敛过程非常缓慢。但是如果学习因子太大，则会导致网络不稳定，即无法收敛到极小点上，而是在极小点附近振荡。一种优化后训练策略为自适应调整步长，使得权重修改量能随着网络的训练而不断变化。基本原则是在学习开始的时候步长较大，在极小点附近时步长逐渐变小。

3.2.3 卷积神经网络

卷积神经网络（Convolutional Neural Network，CNN）是深度学习的基本模型之一，其大大提升了机器学习应用在图像处理上的效果。Yann LeCun 提出的 LeNet 是最早的 CNN，奠定了 CNN 的基本思想和结构。CNN 通过多层卷积，能够自动地从输入数据中学习出特征，不仅省去了人工提取特征、选择特征的环节，提高了模型智能性，而且 CNN 自动学习出来的特征还往往比人工提取的特征更加有效，这一点给机器学习方法带来了变革性的深刻影响。随着越来越多精心设计的 CNN 的提出，如 AlexNet、ResNet、GoogleNet 等，其模型效果已经越来越优秀。CNN 已经广泛地应用于图像分类、计算机视觉、各种模式识别、自然语言处理等领域。

CNN 的出现解决了用全连接神经网络（多层感知器）处理大尺寸图像的 3 个明显的缺点：

（1）将图像展开为向量会丢失空间信息；

（2）参数过多导致效率低下、训练困难；

（3）大量的参数导致网络过拟合。

如今，CNN 已是计算机视觉领域极具代表性的算法模型，下面将具体介绍 CNN 的相关内容。

如图 3-4 所示，一个典型的 CNN 通常包括输入层、卷积层、池化层、全连接层和输出层。

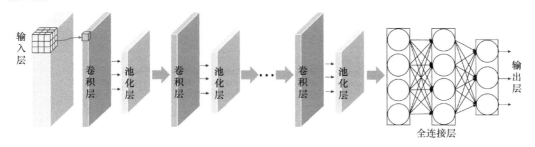

图 3-4　CNN 的一般模型

（1）输入层

输入层是整个 CNN 的输入。在处理图像的 CNN 中，输入一般是图像的像素矩阵，即三维矩阵。矩阵的长宽代表图像的大小，而深度代表图像的颜色通道。从输入层开始，通过不同的神经网络结构，将上一层的三维矩阵转化为下一层的三维矩阵，直到最后的全连接层。

（2）卷积层

卷积核（kernel）是卷积层的核心，也被称为滤波器（filter）：通常假设卷积核的高和宽分别为 h 和 w，则将其称为 $h×w$ 卷积，例如 $3×5$ 卷积，就是指卷积核的高为 3，宽为 5。一个卷积层通常有不止一个卷积核，且卷积核的数量与想要输出特征层的维度相同，卷积核通过卷积计算使卷积层拥有从特征图中提取特征的能力，而卷积层权重的好坏也决定了卷积层提取特征能力的高低。BP 算法可以更新卷积核的权重。

特征图（feature map）：卷积滤波结果在卷积神经网络中被称为特征图。

卷积计算（convolution）：图像中像素点具有很强的空间依赖性，卷积就是针对像

素点的空间依赖性来对图像进行处理的一种技术。如图 3-5 所示，卷积操作的左侧为
5×5 的特征图，右侧为 3×3 的卷积核，卷积核在特征图上滑动并进行卷积计算，便得
到等号右侧提取后的特征图。卷积过程即卷积核的每个像素值与特征图上它所对应的像
素值相乘，最后累加，便得到最终的卷积结果。

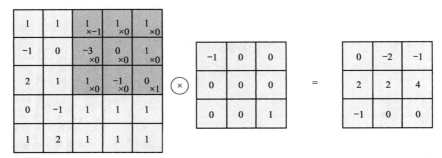

图 3-5　二维卷积示例

卷积层是 CNN 的特点。通过卷积层，CNN 可以自动学习输入数据的特征。在整个
模型中，前面的卷积层可以学习数据的浅层特征，而后面的卷积层则把前面的卷积层学
出来的浅层特征进行组合，可以学习出更高层语义的特征。所以一般而言，CNN 的层
次越深，其学习出的特征越有效，因而其分类能力也就越强。但是，由于 CNN 使用梯
度下降算法进行训练，随着深度的增加，梯度越来越难以传递，所以当层次深度达到一
定程度之后，网络难以训练，其分类能力就达到一定界限。若要再加深层次，则需要特
殊的网络结构。

（3）池化层

池化层（Pooling）又称为汇聚层，该层不会改变矩阵的深度，但是它可以缩小矩
阵的大小。汇聚层可以进一步缩小最后全连接层中节点的个数，从而达到减少整个神经
网络中参数的目的。

（4）全连接层

全连接层（Full Connection Layer 或 Dense Layer）也是多层感知器，全连接层中的
每个神经元接收前一层所有神经元的输出信息，外加一个偏置量。一般而言，在经过多
轮卷积层和汇聚层的处理之后，在 CNN 的最后一般会是由一到两个全连接层来给出最
后的分类结果。

（5）输出层

输出层一般采用 Softmax 激活函数，也称为 Softmax 回归，主要用于解决分类问题，通过 Softmax 层，我们可以得到当前样例属于不同种类的概率分布情况。

3.2.4　几种典型的卷积神经网络

本节介绍几种广泛使用的典型卷积神经网络。

1. AlexNet

AlexNet 是第一个现代深度 CNN 模型，其首次使用了很多现代深度 CNN 的一些技术方法，比如使用 GPU 进行并行训练，采用 ReLU 作为非线性激活函数，使用 Dropout 防止过拟合，使用数据增强来提高模型准确率等。AlexNet 赢得了 2012 年 ImageNet 图像分类竞赛的冠军。

AlexNet 的网络结构如图 3-6 所示，包括 5 个卷积层、3 个全连接层和 1 个 Softmax 层。因为网络规模超出了当时的单个 GPU 的内存限制，AlexNet 将网络拆为两部分，分别放在两个 GPU 上，GPU 间只在某些层（如第 3 层）进行通信。

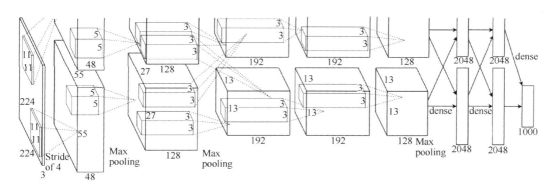

图 3-6　AlexNet 的网络结构

AlexNet 具体的网络结构如下。

输入层：$224 \times 224 \times 3$ 的图像。

第一个卷积层：使用两个 $11 \times 11 \times 3 \times 48$ 的卷积核，步长 $s = 4$，零填充 $p = 3$，得到两个 $55 \times 55 \times 48$ 的特征映射组。

第一个汇聚层：使用大小为 3×3 的最大汇聚操作，步长 $s = 2$，得到两个 $27 \times 27 \times 48$

的特征映射组。

第二个卷积层：使用两个 $5 \times 5 \times 48 \times 128$ 的卷积核，步长 $s = 1$，零填充 $p = 1$，得到两个 $27 \times 27 \times 128$ 的特征映射组。

第二个汇聚层：使用大小为 3×3 的最大汇聚操作，步长 $s = 2$，得到两个 $13 \times 13 \times 128$ 的特征映射组。

第三个卷积层：为两个路径的融合，使用一个 $3 \times 3 \times 256 \times 384$ 的卷积核，步长 $s = 1$，零填充 $p = 1$，得到两个 $13 \times 13 \times 192$ 的特征映射组。

第四个卷积层：使用两个 $3 \times 3 \times 192 \times 192$ 的卷积核，步长 $s = 1$，零填充 $p = 1$，得到两个 $13 \times 13 \times 192$ 的特征映射组。

第五个卷积层：使用两个 $3 \times 3 \times 192 \times 128$ 的卷积核，步长 $s = 1$，零填充 $p = 1$，得到两个 $13 \times 13 \times 128$ 的特征映射组。

汇聚层：使用大小为 3×3 的最大汇聚操作，步长 $s = 2$，得到两个 $6 \times 6 \times 128$ 的特征映射组。

三个全连接层：神经元数量分别为 4096、4096 和 1000。

2．Inception 网络

在 CNN 中，如何设置卷积层的卷积核大小是一个十分关键的问题。在 Inception 网络中，一个卷积层包含多个不同大小的卷积操作，称为 Inception 模块。Inception 网络由多个 Inception 模块和少量的层堆叠而成。

Inception 模块同时使用 1×1、3×3、5×5 等不同大小的卷积核，并将得到的特征映射在深度上拼接（堆叠）起来作为输出特征映射。

图 3-7 给出了 v1 版本的 Inception 模块，采用了 4 组平行的特征抽取方式，分别为 1×1、3×3、5×5 的卷积和 3×3 的最大汇聚。同时，为了提高计算效率，减少参数数量，Inception 模块在进行 3×3、5×5 的卷积之前和 3×3 的最大汇聚之后，进行一次 1×1 的卷积来减少特征映射的深度。如果输入特征映射之间存在冗余信息，1×1 的卷积相当于先做 1 次特征抽取。

Inception 网络最早的 v1 版本就是非常著名的 GoogleNet，并赢得了 2014 年 ImageNet 图像分类竞赛的冠军。

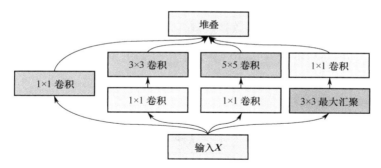

图 3-7　v1 版本的 Inception 模块

GoogleNet 由 9 个 Inceptionv1 模块和 5 个汇聚层以及其他一些卷积层和全连接层构成，总共为 22 层网络，并且为了解决梯度消失问题，GoogleNet 在网络中间层引入两个辅助分类器来加强监督信息。

Inception 网络有多个改进版本，其中比较有代表性的有 Inceptionv3 网络。Inceptionv3 网络用多层的小卷积核来替换大的卷积核，以减少计算量和参数量，并保持感受野不变。具体包括：①使用两层 3×3 的卷积来替换 v1 版本中的 5×5 的卷积；②使用连续的 $n \times 1$ 和 $1 \times n$ 来替换 $n \times n$ 的卷积。Inceptionv3 网络同时也引入了标签平滑以及批量归一化等优化方法进行训练。

此外，Szegedyetal 还提出了结合直连（Shortcut Connect）边的 Inception 模块：Inception-ResNetv2 网络，并在此基础上设计了一个更优化的 Inceptionv4 模型。

3．残差网络

残差网络（Residual Network，ResNet）通过给非线性的卷积层增加直连边的方式来提高信息的传播效率。

假设在一个 CNN 中，我们期望一个非线性单元（可以为一层或多层的卷积层）$f(x,\theta)$ 去逼近一个目标函数 $h(x)$。如果将目标函数拆分成两部分：恒等函数（Identity Function）x 和残差函数（Residue Function）$h(x)-x$。

$$h(x) = x + (h(x) - x) \tag{3-7}$$

根据通用逼近定理，由卷积神经网络组成的非线性单元有足够的能力逼近原目标函数或残差函数，但在实践中后者更容易学习。因此，原优化问题可以转化为：让非线性单元 $f(x,\theta)$ 去近似残差函数 $h(x)-x$，并用 $f(x,\theta)+x$ 去逼近 $h(x)$。

图 3-8 给出了一个简单的残差单元示例。残差单元由多个级联的（等长）卷积层和一个跨层的直连边组成，再经过 ReLU 激活后得到输出。残差网络就是将很多个残差单元串联起来构成的一个非常深的网络。

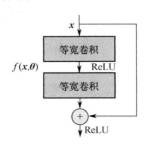

图 3-8　一个简单的残差单元示例

3.3　反馈神经网络

反馈神经网络和前馈神经网络不同，其神经元具有记忆功能，不仅可以接收其他神经元的信号，而且可以接收自己的反馈信号，并且在不同时刻具有不同的状态。基于此特点，反馈神经网络表现出了与前馈神经网络截然不同的特性，特别是在序列数据上，反馈神经网络表现出了独特优势。

3.3.1　循环神经网络

反馈就是指把输出信号又引入到输入，作为输入数据的一部分或者全部。这样，网络就表现出在时间上迭代或者循环的行为。因此，现在把反馈神经网络一般都称为循环神经网络（Recurrent Neural Network，RNN）。

1. Hopfield 网络

最早的反馈神经网络模型是 Hopfield 在 1982 年提出来的一种单层反馈神经网络模型，一般称为 Hopfield 网络。Hopfield 首先提出用"能量函数"（Lyapunov 函数）来定义网络状态，考察网络的稳定性，用能量极小化过程来刻画网络的迁移过程，并由此给出了保证网络稳定性的条件。如果在网络的演化过程中，网络的能量越来越低，即网络能量的增量是负值，那么网络的能量会越来越小，直到稳定为一个平衡状态为止。此时，网络能量具有极小值，网络输出稳定，而不是出现循环、发散、混沌等输出状况。

典型的 Hopfield 网络只有一层神经元，每个神经元的输出都与其他神经元的输入相连，但是不会给自己反馈。Hopfield 网络中神经元之间的权重一般是对称的。对称的权重是保证 Hopfield 网络稳定的充分条件，即权重对称时，Hopfield 网络能够收敛到一个稳定值。如果权重不对称，则 Hopfield 网络可能会不稳定，无法收敛。

Hopfield 网络和能量函数方法为研究人工神经网络稳定性及非线性动力系统提供了重要思路。Hopfield 网络在抗噪声、优化问题和联想记忆方面表现出了优异的性能。

2. 循环神经网络的基本结构

现在深度学习中 RNN 的一般结构如图 3-9 所示。若不考虑隐层中的反馈结构，RNN 就退化成了单隐层的前馈神经网络，但正是因为隐层中的反馈结构使得 RNN 发生了质的变化。

图 3-9 中，x 表示输入数据，s 表示隐层输出，o 表示输出层输出，U 表示从输入层到隐层的权重矩阵，V 表示从隐层到输出层的权重矩阵，W 表示从隐层输出反馈到隐层输入的权重矩阵。

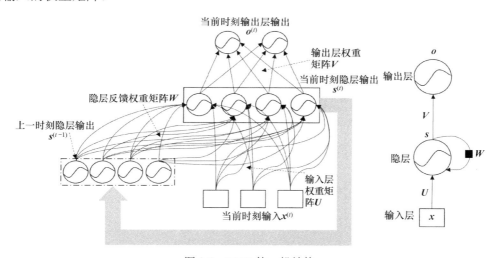

图 3-9　RNN 的一般结构

图 3-10 则表示在时间方向上把 RNN 展开后的形式，即把一个 RNN 在相邻几个时刻的状态连接在了一起。图中 $x^{(t)}$、$s^{(t)}$、$o^{(t)}$ 分别表示 t 时刻的输入数据、隐层输出和网络输出，$t-1$ 和 $t+1$ 则分别表示 t 时刻的前一时刻和后一时刻。在不同时刻，神经网络

各层（包括反馈层）的权重矩阵保持不变。也就是说，U、V、W 在时间上是权值共享的。

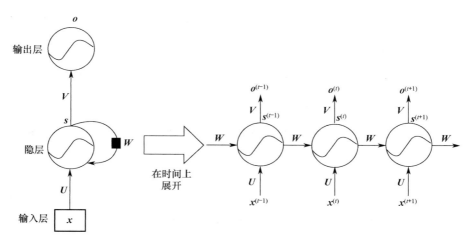

图 3-10　在时间方向上展开的 RNN

可以看到，隐层不仅接收当前时刻输入数据 $x^{(t)}$ 作为输入的一部分，同时还接收上一时刻隐层输出 $s^{(t-1)}$ 作为当前输入的一部分。也就是说，在 t 时刻 RNN 隐层的完整输入是 $(x^{(t)}, s^{(t-1)})$，即

$$s^{(t)} = f(U \times x^{(t)} + W s^{(t-1)}) \tag{3-8}$$

其中，f 表示隐层神经元激活函数，一般使用 tanh 函数。

因此在 t 时刻 RNN 隐层的输出 $o^{(t-1)}$ 就不仅依赖当前输入数据 $x^{(1)}$，还依赖前一时刻隐层输出 $s^{(t-1)}$。而前一时刻的隐层输出又受到更前一时刻隐层输出的影响。如此递归追溯下去，则可认为 RNN 当前的输出值不仅依赖当前输入数据，还依赖前面每一时刻的网络状态（隐层输出），即

$$
\begin{aligned}
o^{(t)} &= g(V \times s^{(t)}) \\
&= g(V \times f(U \times x^{(t)} + W \times s^{(t-1)})) \\
&= g(V \times f(U \times x^{(t)} + W \times f(U \times x^{(t-1)} + W \times s^{(t-2)}))) \\
&= g(V \times f(U \times x^{(t)} + W \times f(U \times x^{(t-1)} + W \times f(U \times x^{(t-2)} + W \times s^{(t-3)})))) \\
&= g(V \times f(U \times x^{(t)} + W \times f(U \times x^{(t-1)} + W \times f(U \times x^{(t-2)} + W \times f(\cdots)))))
\end{aligned}
\tag{3-9}
$$

其中，g 表示输出层神经元激活函数，一般采用 Softmax 函数。

可以看出，RNN 的输出能够体现出过去数据对当前的影响。所以，使用 RNN 能够

在序列数据上学习出相隔一定时间跨度上两个输入数据之间的联系。这一点是 RNN 的独特之处，CNN 做不到。CNN 善于发现当前输入数据内部的特征联系，但是无法发现不同时刻输入的数据的联系。所以，RNN 成为学习序列数据跨时间模式的首选武器，也成为自然语言处理中首选的深度学习模型。

3．循环神经网络的训练方法

RNN 使用时间反传（Back Propagation Through Time，BPTT）算法进行训练。BPTT 算法的基本原理和 BP 算法一样，同样是两个基本步骤，同样使用梯度下降算法更新权重。

（1）前向计算每个神经元的输出值。

（2）反向计算每个神经元的误差项值，计算每个权重的更改量。

BPTT 算法在前向计算每个神经元的输出值时与 BP 算法一样，但在反向计算时，BPTT 算法需要把误差反馈给之前所有输入，因此其不但要把误差逐层向前传递，用于调整每层权重，还要把误差传递到反馈层中，用于调整反馈层权重。

3.3.2　长短期神经网络

在深度学习领域中（尤其是 RNN 中），长期依赖（Long Term Dependencies）问题是普遍存在的。长期依赖产生的原因是当神经网络的节点经过许多阶段的计算后，之前比较长的时间片的特征已经被覆盖。

长短期记忆网络通常被称为 LSTM（Long Short Term Memory），它是一种特殊的 RNN，是具有记忆长短期信息能力的神经网络，它能够学习长期依赖性。LSTM 是由 Hochreiter 和 Schmidhuber 于 1997 年首次提出的，并且在接下来的工作中被许多人改进和推广。

1．LSTM 的基本结构

LSTM 提出的动机是解决上面提到的长期依赖问题。传统的 RNN 节点输出仅由权重、偏置以及激活函数决定，其是一个链式结构，且每个时间片使用的是相同的参数。而 LSTM 之所以能够解决 RNN 的长期依赖问题，是因为 LSTM 引入了门（gate）机制用于控制特征的流通和损失。

从整体网络拓扑角度来说，除了隐层神经元内部结构不一样，LSTM 和基本 RNN

的网络拓扑一样，LSTM 的网络结构如图 3-11 所示。图中线条表示完整的向量。σ 是一个 Sigmoid 函数，表示一个门，其输出值为 0～1，描述了每个输入可通过门限的程度。0 表示"不让任何输入成分通过"，而 1 表示"让所有输入成分通过"。门结构是 LSTM 区别于基本 RNN 的标志性特征。由于有门结构，所以 LSTM 的单元比一般的神经元要复杂得多。另外，LSTM 还引入了细胞状态（Cell State）来记录历史信息，可以通过门结构去除或增加信息到细胞状态。

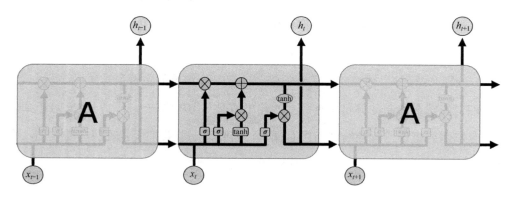

图 3-11　LSTM 的网络结构

图 3-12 单独显示了一个隐层 LSTM 单元的内部结构。可以看到，一个隐层 LSTM 单元在原来基本 RNN 隐层神经元（即图中输入节点）基础上又增加了 3 个门和一个细胞状态，并将这些信息融合在一起形成最终的隐层 LSTM 单元输出。

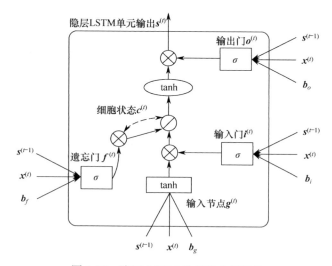

图 3-12　隐层 LSTM 单元的内部结构

（1）输入节点

输入节点与基本 RNN 隐层神经元一样，由当前时刻输入数据 $\boldsymbol{x}^{(t)}$，上一时刻隐层输出 $\boldsymbol{s}^{(t-1)}$ 以及偏置 $\boldsymbol{b}_g$ 经过 tanh 激活函数作用产生 $\boldsymbol{g}^{(t)}$，即

$$\boldsymbol{g}^{(t)} = \tanh(\boldsymbol{U}^g \boldsymbol{x}^{(t)} + \boldsymbol{W}^g \boldsymbol{s}^{(t-1)} + \boldsymbol{b}_g) \tag{3-10}$$

其中，$\boldsymbol{U}^g$ 表示从输入层到隐层输入节点的权重矩阵，$\boldsymbol{W}^g$ 表示从隐层输出反馈到隐层输入节点的权重矩阵。

（2）输入门

输入门决定什么样的新信息可以被存放在细胞状态中。除了输入门的偏置 $\boldsymbol{b}_i$ 不一样，输入门的其他输入数据与输入节点一样，即

$$\boldsymbol{i}^{(t)} = \sigma(\boldsymbol{U}^i \boldsymbol{x}^{(t)} + \boldsymbol{W}^i \boldsymbol{s}^{(t-1)} + \boldsymbol{b}_i) \tag{3-11}$$

其中，$\boldsymbol{U}^i$ 表示从输入层到隐层输入门的权重矩阵，$\boldsymbol{W}^i$ 表示从隐层输出反馈到隐层输入门的权重矩阵，σ 表示 Sigmoid 激活函数。

输入门的输出和输入节点按点相乘之后得到的结果就是可以被送入细胞状态的信息，即

$$\boldsymbol{d}^{(t)} = \boldsymbol{g}^{(t)} \otimes \boldsymbol{i}^{(t)} \tag{3-12}$$

其中，$\otimes$ 表示按点相乘，下文中含义相同。

（3）遗忘门

遗忘门决定什么样的信息可以被遗忘，不存放在细胞状态中。遗忘门除了偏置 $\boldsymbol{b}_f$ 与输入门不一样，其他输入数据与输入门一样，即

$$\boldsymbol{f}^{(t)} = \sigma(\boldsymbol{U}^f \boldsymbol{x}^{(t)} + \boldsymbol{W}^f \boldsymbol{s}^{(t-1)} + \boldsymbol{b}_f) \tag{3-13}$$

其中，$\boldsymbol{U}^f$ 表示从输入层到隐层遗忘门的权重矩阵，$\boldsymbol{W}^f$ 表示从隐层输出反馈到隐层遗忘门的权重矩阵，σ 表示 Sigmoid 激活函数。

遗忘门的输出和上一时刻的细胞状态按点相乘之后得到的结果即可被遗忘的信息，即

$$\boldsymbol{r}^{(t)} = \boldsymbol{f}^{(t)} \times \boldsymbol{c}^{(t-1)} \tag{3-14}$$

（4）细胞状态

LSTM 的关键就是细胞状态。细胞状态就是隐层单元的内部状态，记录着需要被保留能够跨越长时间间隔的信息。细胞状态就像一条传送带，直接在整条链上运行，只有少量的线性交互。在上面流传的信息很容易保留，不会有太大变化。所以，LSTM 通过细胞状态保存长时间跨度信息，有效抵消了梯度消失影响，从而能够学习到更长时间跨度上的模式。细胞状态记录的信息就是待保存信息和待遗忘信息之和。也就是说，细胞状态是一个线性激活函数，即

$$c^{(t)} = d^{(t)} + r^{(t)} \tag{3-15}$$

（5）输出门

输出门决定是否输出当前的信息。输出门除了偏置 b_o 与输入门不一样，其他输入数据与输入门一样，即

$$o^{(t)} = \sigma(U^o x^{(t)} + W^o s^{(t-1)} + b_o) \tag{3-16}$$

其中，U^o 表示从输入层到隐层输出门的权重矩阵，W^o 表示从隐层输出反馈到隐层输出门的权重矩阵，σ 表示 Sigmoid 激活函数。注意，此处 $o^{(t)}$ 表示隐层输出门当前的输出向量。

最后，输出门对当前细胞状态信息进行过滤之后才作为当前隐层的真正输出，即

$$s^{(t)} = o^{(t)} \otimes \tanh(c^{(t)}) \tag{3-17}$$

其中，细胞状态的输出经过了一个 tanh 函数转换，这样可以保证每个隐层单元都有相同的动态范围。但是也可以使用 ReLU 激活函数，这样一方面可以获得更大的动态范围，另一方面更易于训练。

LSTM 的训练仍然采用 BPTT 算法。

3.4 Transformer 神经网络

注意力（Attention）机制由 Bengio 团队于 2014 年首次提出，并在近些年广泛地应用在深度学习中的各个领域，如计算机视觉中用于捕捉图像上的感受野，或者 NLP 中用于定位关键 token 或者特征。Google 团队近几年提出的生成词向量的 BERT 算法，在

NLP 的 11 个任务上的效果取得了显著的提升，堪称 2018 年深度学习领域最振奋人心的消息，而 BERT 算法中最重要的部分就是 Transformer 的概念。

Transformer 架构源于 Google 团队在 NIPS 上发表的一篇论文 "*Attention is all You Need*"，它完全抛弃了传统的 CNN 及 RNN，取而代之的是可以并行的 Transformer 编码器单元和解码器单元。该模型最初被应用于 NLP 领域，相较于 RNN 模型，Transformer 架构没有了循环连接，其每个单元的计算也不再需要依赖于前一个计算的单元，于是代表这个句子中每个词的编码器/解码器单元理论上都可以同时计算。可想而知，这个模型在计算效率上能比循环神经网络快一个数量级。

论文中验证 Transformer 的实验是基于机器翻译的，下面就以机器翻译为例详细剖析 Transformer 的结构。在机器翻译中，Transformer 示例可概括为图 3-13。

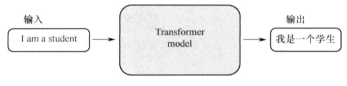

图 3-13 Transformer 示例

Transformer 的本质上是一个解码器–编码器（Encoder-Decoder）的结构，如论文中所设置的，编码器由 6 个编码器单元组成，同样解码器由 6 个解码器单元组成。与所有的生成模型相同的是，编码器的输出会作为解码器的输入，如图 3-14 所示。

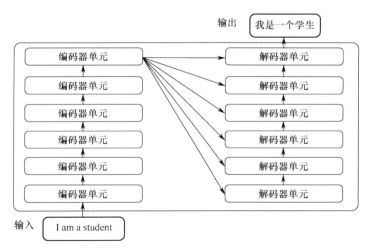

图 3-14 Transformer 的模块组成

如图 3-14 所示，Transformer 大致分为编码器和解码器两个部分，而两个部分又分别由多个编码器单元与解码器单元构成，分别对应图 3-14 中的左、右两部分。接下来对 Transformer 架构进行详细介绍。

3.4.1　编码器单元与解码器单元

Transformer 的结构如图 3-15 所示，一个编码器单元中有两层，第一层是多头的自注意力层，第二层是全连接层，每一层都加上了残差连接和归一化层。这是一个非常精巧的设计，注意力层加全连接层的组合给特征抽取提供了足够的自由度，而残差连接和归一化层又让网络参数更加容易训练。

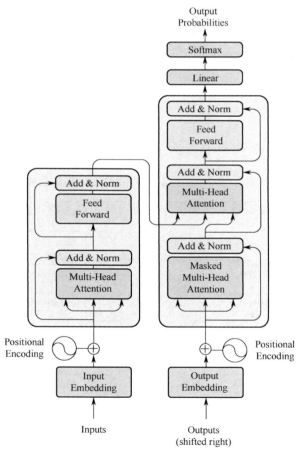

图 3-15　Transformer 的结构

编码器由许多相同的编码器单元组成，每个位置都有一个编码器单元栈，编码器单元栈中都是由多个编码器单元堆叠而成的。在训练和解码时，所有位置上编码器单元栈并行计算，相比于循环神经网络而言，大大提高了编码的速度。

解码器单元也具有与编码器单元类似的结构。区别有两点：一是解码器单元比编码器单元多了一个解码器对编码器注意力层；二是解码器单元中自注意力层加入了掩码机制，使得前面的位置不能注意后面的位置。

与编码器相同，解码器也是由包含了堆叠的解码器单元栈所组成的。训练时所有的解码器单元栈都可以并行计算，而解码时则按照位置顺序执行。

3.4.2　多头注意力机制

Transformer 的两个主要部分——解码器与编码器中都包含多头注意力（Multi-Head Attention）机制，注意力机制在整个 Transformer 架构中处于核心地位。对于注意力机制一个比较直观的理解就是：引入注意力机制可以在众多输入信息中关注对当前任务更关键的信息，减少对其他信息的关注，甚至过滤掉不相关的信息，解决信息过载问题，提高任务处理的效率和准确性。

在 Transformer 架构中，其注意力机制设置如下：定义 $\boldsymbol{Q}$、$\boldsymbol{K}$、$\boldsymbol{V}$ 三个向量，分别代表查询、键、值，注意力机制即为关于它们的一个函数：

$$\mathrm{Attention}(\boldsymbol{Q},\boldsymbol{K},\boldsymbol{V}) = \mathrm{Softmax}\left(\frac{\boldsymbol{Q}\boldsymbol{K}^{\mathrm{T}}}{\sqrt{d_k}}\right)\boldsymbol{V} \tag{3-18}$$

其中，$\sqrt{d_k}$ 为进行归一化的常量。

语言是一种高度抽象的表达系统，包含各种不同层次和不同方面的信息，同一个词也许在不同层次上应该具有不同的权重，怎样来抽取这种不同层次的信息呢？Transformer 有一个非常精巧的设计——多头注意力机制，结构如图 3-16 所示。

多头注意力机制首先使用 n 个权重矩阵把查询、键、值分别进行线性变换，得到 n 套键值查询系统，然后分别进行查询。由于权重矩阵不同，所以每一套键值查询系统计算的注意力权重就不同，这就是多个"注意力头"。最后，在每套系统中分别进行熟悉的加权平均，然后在每一个词的位置上把所有注意力头得到的加权平均向量拼接起来，得到总的查询结果。

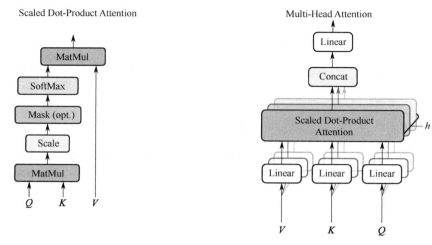

图 3-16　多头注意力机制

在 Transformer 架构中，编码器单元和解码器单元各有一个基于多头注意力机制的自注意力层，用于捕捉一种语言的句子内部词与词之间的关系。如前文所述，这种自注意力层中查询、键、值是相同的。我们留意到，在目标语言一端，由于解码是逐词进行的，自注意层不可能注意到当前词之后的词，因此解码器端的注意力只注意当前词之前的词，这在训练阶段是通过掩码机制实现的。

3.4.3　非参位置编码

在 Transformer 中，作者还使用了一种非参（即没有参数）的位置编码，其借助于正弦函数和余弦函数天然含有的时间信息来给输入信息加入位置编码。基于无参的编码方法，位置编码本身不需要有可调整的参数，而是上层的网络参数在训练中调整以适应位置编码，所以避免了越往后，位置向量训练样本越少的困境，同时可以保证任何长度的句子都可以被很好地处理。另外，由于正弦函数和余弦函数都是周期循环的，因此，位置编码实际上捕捉到的是一种相对位置信息，而非绝对位置信息，这与自然语言的特点非常契合。Transformer 的第 p 个位置的位置编码是这样一个函数：

$$PE(p, 2i) = \sin(p/10000^{2i/d})$$
$$PE(p, 2i+1) = \cos(p/10000^{2i/d})$$

（3-19）

其中，$2i$ 和 $2i+1$ 分别是位置编码的第奇数个维度和第偶数个维度，d 是词向量的维度，这个维度等同于位置编码的维度，这样位置编码就可以和词向量直接相加了。

本 章 习 题

1．机器学习方法按照模型学习的方式可以分为哪几种？

2．区别于传统的浅层学习，深度学习的不同在于什么地方？

3．BP 算法存在哪些问题？

4．一个典型的卷积神经网络包括哪些结构层？

5．什么是长短期记忆网络？

6．请简述 Transformer 架构的组成单元。

第 4 章

自然语言处理

本 章 导 读

随着世界变得越来越数字化,会话式人工智能系统成为了实现人与计算机交互的一种常见方式,并已经越来越多地出现在许多家庭的客厅、汽车和在线购物体验中,如聊天机器人、语音助手、智能扬声器等。这类会话式人工智能系统的实现依赖于自然语言处理相关技术,主要包括自然语言理解(Natural Language Understanding,NLU)、对话状态管理(Dialogue State Management,DSM)和自然语言生成(Natural Language Generation,NLG)等。通常一个优秀的会话式人工智能系统的实现需要庞大的算力支撑,随着如今人工智能芯片和边缘算力的不断发展,越来越多的企业已经实现在"边缘端"部署人工智能,而在此前,绝大部分人工智能都依赖于云端实现,因为云端才具有更丰富的算力、GPU 资源、机器学习平台等。

自然语言处理技术的应用不仅局限于会话式人工智能系统的实现,还包括机器翻译、文本学习和检索、数据挖掘等,但其终极目标就是在机器语言和人类语言之间搭建沟通的桥梁,以实现人机交流的目的。例如,人类通过语言来交流,狗通过汪汪叫来交流,而机器也有自己的交流方式,那就是数字信息,然而不同的语言之间是无法沟通的,例如人类就无法听懂狗叫,甚至不同语言的人类之间都无法直接交流,需要翻译才能交流,而计算机更是如此,为了让计算机之间互相交流,人们让所有计算机都遵守一些规则,计算机的这些规则就是计算机之间的语言。

既然不同人类语言之间可以有翻译,那么人类和机器之间是否可以通过"翻译"的方式来直接交流呢?自然语言处理就是人类和机器之间沟通的桥梁!语言和文字是人类独有的，人类所有的知识都必须借助语言和文字才能传承和发展，而自然语言处理就是让计算机像人一样会听、说、读、写，并能与人无障碍交流，这也是人工智能发展的终极目标之一。

本章包含自然语言处理概述与自然语言的处理方法，以及自然语言处理在机器翻译与自动问答系统中的应用与发展情况。

本章学习目标
（1）学习自然语言处理的基本任务与发展历史；
（2）了解自然语言处理在机器翻译中的应用；
（3）了解自然语言处理在自动问答系统中的应用。

4.1　自然语言处理概述

顾名思义，自然语言处理（Natural Language Processing，NLP）就是利用计算机处理人类在日常生活中使用的自然语言（书面或口头）。另外，NLP 也涉及认知科学中对人类语言行为的研究。NLP 作为信息处理技术的一个高层次研究方向，一直是人工智能的重要领域之一。人工智能学者一直期望计算机能够理解和处理自然语言，人机之间的信息交流能够以人们所熟悉的语言来进行，这无疑是未来智能系统应该具备的功能之一。另外，由于创造和使用自然语言是人类智能的高度表现，因此对 NLP 的研究也有助于人类揭开智能的奥妙，深化对自然本质的认识。

4.1.1　自然语言处理简介

NLP 已有广泛的应用，如垃圾邮件过滤程序、拼写检查程序、语法检查程序、自动更正、机器翻译、自动问答、情感分析、语义搜索等都属于 NLP。基于 Transformer 架构的新深度学习方法的出现，为 NLP 的性能和功能带来了革命性的变化。现在，先进的 NLP 模型已成为现代搜索引擎、语音助手和聊天机器人的核心。这些应用程序在自动处理日常订单、路由查询和回答常见问题时也变得日益成熟。

迄今为止，对 NLP 尚无统一的定义。一般地，NLP 的目的是让机器能够执行人类所期望的某些语言功能，主要包括以下几个功能。

（1）语音识别与合成。语音识别是让计算机能够"听懂"人说的自然语言，自动实现从语音到文本的转换。语音合成是让计算机能够"说"自然语言，自动实现从文本到语音的转换。

（2）机器翻译。计算机可以将一种自然语言的信息自动翻译成另一种自然语言。

（3）文本学习和检索。计算机能够根据输入的文本信息，输出相关的其他文本内容，如文本分类、文本挖掘、信息检索、情感分析和摘要生成等。

（4）自动问答。计算机能够正确理解人类用自然语言输入的信息，并正确回答输入信息中的相关问题。

让计算机理解自然语言是一项非常困难的任务。一个像人一样理解自然语言的计算机系统需要上下文知识和基于这些知识和信息的思维过程。自然语言不仅存在语义、句法和语音问题，而且还存在模糊性问题。怎样才算理解了语言呢？归纳起来主要包括下列几个方面。

（1）能够理解句子，包含没有规则的句子中正确的词序规则和概念。

（2）了解单词、单词形式、单词类别和构词法的确切含义。

（3）了解单词的语义分类以及单词的多义性和模糊性。

（4）知道定数和不定数的属性以及所有（从属）属性。

（5）对问题领域的结构和时间概念的了解。

（6）对语言的语气和用节奏表达的信息的了解。

（7）具备语言表达的文献知识。

（8）具备论证领域的知识。

由此可见，语言的理解与交流需要一个相当庞大和复杂的知识体系。自然语言理解最大的困难就在于对知识不完整性、不确定性和模糊性的处理。

1．自然语言的构成

语言是一个结合了声音、意义的词汇和语法系统，是思维活动的物质形式。语言是一个符号系统，但它与其他符号系统不同。语言的基础是词汇，而词汇又是由语法决定的，以便形成有意义和可理解的句子，然后将这些句子按照一定的形式编入章节等。词汇可以分为熟悉和不熟悉的词汇。熟悉的词汇是固定的组合，如中文中的成语。词语由语素组成。例如，"教师"这个词语由两个语素组成："教"和"师"。同样，在英语中，"教师"一词是由"teach"和"er"两个语素组成的。语素是构成一个词的最小的有意义单位。"教"这个词语本身就有教育和指导的意思，而"教师"则含有"人"的意思。同样，英语中的"er"也是一个表示"人"的后缀。

　　语法是语言的组织规律。语法规则决定了如何将字母组成单词，以及将单词组成句子和短语。正是在这种密切的背景下，语言被构建起来。从语素中形成单词的规则被称为结构规则，例如，教+师→教师， teach + er →teacher。一个词有不同的词形，如单数、复数、阴性、阳性、中性，等等。这种形成单词形式的规则被称为构形法，例如，教师+们→教师们，teacher + s → teachers，在原单词上添加复数，这并不形成一个新单词，而是同一单词的复数形式。构形法和构词法称为词法。语法的另一部分就是句法。句法也可以分为两部分：词组构造法和造句法。词组构造法是将单词组合成词组的规则，例如，红+铅笔→红铅笔， red + pencil → red pencil，其中"红"是修饰铅笔的形容词，它与名词"铅笔"组合成一个新的名词。造句法是用词或词组造句的规则，"我是计算机科学系的学生"，这是按照汉语造句法构造的句子，"I am a student in the department of computer science"是英语造句法产生的同等句子。虽然汉语和英语的造句法不同，但它们都是正确和有意义的句子。自然语言的构成关系如图 4-1 所示。

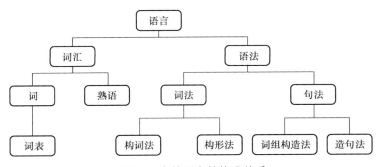

图 4-1　自然语言的构成关系

　　另外，语言是音义结合的，每个词汇有其语音形式。一个词的发音由一个或多个音节组合而成。音节又由音素构成，音素分为元音音素和辅音音素。自然语言中所涉及的音素并不多，一种语言一般只有几十个音素。由一个发音动作所构成的最小的语音单位就是音素。

2．自然语言处理的过程层次

尽管语言被呈现为一连串的书面符号或声音流，但它实际上是一个层次结构。这种层级制度在语言的构成关系中是很明显的。用文字表达的句子由词素→词或词形→词组或句子组成。而用声音表达的句子，则由音素→音节→音词→音句组成，每个层次都受到语法规则的制约。因此，语言分析和理解的过程也应该是分层结构的。现代语言学家一般把这个过程分为五个层次：语音分析、词法分析、句法分析、语义分析和语用分析。虽然不是完全相互隔离的，但这种层次划分有助于更好地表现语言本身的构成，并在一定程度上有利于 NLP 系统的模块化。

（1）语音分析

在有声语言中，音素是最小的可分离的声音单位。音素是一个音或一组音，与其他音素有区别。例如，pin 和 bin 中分别有/p/和/b/这两个不同的音素，但是 pin、spin 和 tip 中的音素/p/不是同一个音素，它对应了一组略有差异的音。语音分析则是根据音素规则将单个音素从语音流中区分出来，然后根据音位形态规则确定单个音节及其相应的词素或单词。

（2）词法分析

词法分析的主要目的是确定可以从中获得语言学信息的各个词条。例如，unchangeable 是由 un-change-able 构成的。在英语等语言中，很容易将句子分解成单个单词，因为单词之间有空格分隔。然而，要找到各个词素则要困难得多。例如 importable，它可以是 im-port-able 或 import-able，这是因为 im、port 和 impot 都是词素。而在汉语句子中分解出单个词素则非常容易，因为汉语中每个字就是一个词素。但是把汉语句子分解为单个词就不容易了。因为汉语句子中，词与词之间没有分隔符。例如，"我们研究所有东西"，可以是"我们—研究所 有—东西"，也可以是"我们—研究—所有—东西"。

词法分析可以从词素中收集到很多语言学信息。例如，英语单词的词尾"s"通常是名词的复数或动词的第三人称单数；"ly"通常是副词的后缀；"ed"通常是动词的过去式或过去分词，等等。这些信息对句法分析都非常有用。另外，一个词可能有很多派生和变形。例如，work 可以变化出 works、worked、working、worker、workings、 workable 和 workability 等。这些词如果全部放入词典将是非常庞大的，而它们的词根只有一个。

（3）句法分析

句法分析是对句子和短语结构的分析。分析的目的是确定单词、短语等之间的关系，以及它们在句子中的作用等，并以分层结构的方式表达。这种层次结构可以由从属关系、直接构成关系或语法功能关系组成。有许多自动句法分析的方法，例如短语结构文法、格语法、扩充转移网络和功能语法等。

（4）语义分析

语言理解的核心是对语义的理解。随着 NLP 的发展，越来越多的研究人员开始关注语义层面的问题。语言中的每个词都是用来指代事物和表达概念的。句子是由单词组成的，句子的含义与单词的含义直接相关，但并不是单词含义的简单相加。句子"我打他"和"他打我"中的词语是相同的，但它们表达的意思完全相反。因此，还必须考虑句子的结构意义，英语"a red table"（一张红色的桌子），它的结构意义是形容词在名词之前修饰名词，但在法语中却不同，"one table rouge"（一张桌子红色的），形容词在被修饰的名词之后。语义分析是通过分析词语的含义、结构含义和组合含义来确定语言所表达的真实含义或概念。在语言的机器理解领域，语义学正日益成为研究的一个重要部分。

（5）语用分析

语用关注的是一种语言所处的外部环境对其使用的影响。它描述了语言的环境知识，语言和语言使用者在特定语言环境中的关系。注重语用信息的自然语言环境系统更多地集中于建立讲话者/听话者模型，而不是处理嵌入特定话语中的结构信息。构建这些模型的困难在于如何将 NLP 的各个方面，以及各种不确定的生理、心理、社会、文化和其他背景因素整合到一个完整而连贯的模型中。自然语言的分层结构、每层的信息处理任务和功能及在整体结构中的位置，对于全面理解 NLP 领域中的方法有很大帮助。

3．语料库

由于自然语言理解所需的知识包含在大量的真实文本中，因此可以通过对大量真实文本的分析和处理来获得自然语言理解所需的知识，并建立相应的知识库，从而实现基于知识的智能自然语言理解系统。用于研究语言能力的真实文本被称为语料库。为了从语料库中提取理解一种语言所需的知识，必须以适当的方式对语料库进行处理，使其从原始语料库转变为具有应用价值的熟语料库。基于大规模真实文本处理的语料库语言学，与传统的基于句法——语义分析的方法比较，有以下一些特点。

（1）试验规模的不同。以往的 NLP 系统多数是利用细心选择过的少数例子来进行试验的，而现在要处理从多种出版物中收录的数以百万计的真实文本。这种处理虽然可能没有太大深度，但针对特定的任务还是有实用价值的。

（2）语法分析的范围要求不同。由于真实文本的复杂性（其中甚至有不合语法的句子），对所有句子都要求完全的语法分析几乎是不可能的。同时由于具体文章的数量极大，还有处理速度方面的要求，因此，目前的多数系统往往不要求完全的分析，而只要求必要的部分分析。

（3）处理方法的不同。以往的系统主要依赖语言学的理论和方法，即基于规则的方法。而新的基于大规模真实文本处理而开发的系统同时还依赖对大量文本的统计性质分析，统计学的方法在新的系统中起了很大的作用。

（4）所处理的文本涉及的领域不同。以往的系统往往只针对某一较窄的领域，而现在的系统则适合较宽的领域，甚至是与领域无关的，即系统工作时并不需要用到与特定领域有关的领域知识。

（5）对系统评价方式的不同。对系统的评价不再是只用少量的人为设计的例子对系统进行评价，而是根据系统的应用要求，对其性能进行评价。即用真实文本进行较大规模的、客观的和定量的评价，不仅要注意系统的质量，同时也要注意系统的处理速度。

（6）系统所面向的应用不同。以前的某些系统可能适合对"故事性"的文本进行处理。而基于大规模真实语料的自然语言理解系统要走向实用化，就要对大量的、真实的新闻语料进行处理。

（7）文本格式不同。以往处理的文本只是一些纯文本，而现在要面向真实的文本。真实文本大多是经过文字处理软件处理以后含有排版信息的文本，因而如何处理含有排版信息的文本就应该受到重视。

大规模文本处理的具体研究内容包括：文本（包括网络文本）分类（Text Classification 或 Text Category）、文本聚类（Text Clustering）、信息检索（Information Retrieval）、自动问答系统（Question Answer）、机器翻译（Machine Translation）和语义网（Semantic Web）等。

语料库的建设是进行大规模文本处理的基础工作。其中，汉语又具有其独特性。我们知道，汉语文本中词与词之间没有明确的分隔标记，汉语文本是连续的汉字串。正如一个英文句子将空格分隔符去掉后，就会变成一串毫无意义的字符串一样。在汉语自然语言处理中，凡是涉及句法和语义的研究项目，都要以词为基本单位来进行处理。因此，词是汉语语法和语义研究的中心问题，也是汉语自然语言处理的关键问题。大规模汉语语料库的加工包括很多方面。下面简单地介绍一下中文自动分词和词性标注的问题。

4．本体库

人类用自然语言符号来表达客观事物。一个客观事物称为一个概念。本体库就是对概念的内涵和外延，以及概念与自然语言符号之间的对应关系进行确定的、显式的表达和组织。本体库是人类知识的重要组成部分。人类能够正确地理解语言背后的含义，能够准确地从语言符号翻译到客观事物上，并进行合情推理，必须依赖一个本体库。人的本体库存在于人的大脑之中，通过社会生活和学习教育获得并不断完善。而计算机的本体库则要依靠人去建立。本体大多以语义网方式组建。网络节点表示概念，节点之间的连接表示概念之间的关系。目前，常用的常识性本体库有 WordNet、维基百科（Wikipedia）、知网（HowNet）等。

WordNet 是由普林斯顿大学开发的以英文为主的一个常用本体库。WordNet 用同义同集表示一个概念。概念之间主要是上下位关系，也包括反义关系和整体部分关系。WordNet 以名词为主，也包括动词、形容词和副词。WordNet 对于消除英文单词歧义、计算词汇间的语义距离及获取语义等有重要的作用。WordNet 以单个词汇为主，覆盖的短语（Phrase）较少，在实践使用中有一定的局限。

维基百科用一个网页阐述一个概念的主要内容,通过网页间的超链接表达概念间的相关语义联系。维基百科对专业术语、科学词汇的支持内容远远超过了 WordNet。不仅如此，维基百科内容包括常见的多种语言（如英语、汉语、法语、西班牙语、俄语、阿拉伯语等），允许自由编辑，其更新速度远远超出其他本体库。所以，维基百科能提供更加丰富的知识内容。

知网是一个以汉语和英语词语所代表的概念为描述对象，以解释概念与概念之间及概念所具有的属性之间的关系为基本内容的常识本体库。知网借鉴了概念从属理论的原语概念，提出了1500多个义原，用来描述概念、概念之间的关系及属性与属性之间的关系。义原具有层次性，分为实体、事件、属性、属性值、数量、数量值、句法特征、次要特征和动态角色等类别。概念由义原描述，也具有层次性和分类。知网对每个事件义原给出了角色框架，列出了某一类事件发生时框架中的必要绝对角色。

知网重视同时反映概念的共性和个性。例如，"医生"和"病人"的共同点是"人"。知网描述了文件中"人"的共性与主要特征，因此，"医生"的个性是做"医治"的实施人，而"病人"的个性是接受"医治"的人。对于"富人"和"穷人"、"美丽"和"丑陋"，"人"是他们的共同点，而"穷"和"富"及"美"和"丑"是不同的。诸如"贫穷"和"富有"及"美丽"和"丑陋"等属性的不同价值是"人"的个性。

知网以语义网络的形式组织知识系统。因此，它也努力反映概念之间及概念的属性之间的不同关系。知网描述了16种关系：上下位关系、同义关系、反义关系、对义关系、部件-整体关系、属性-宿主关系、材料-成品关系、施事/经验者/关系主体-事件关系、受事/内容/领属物等-事件关系、工具-事件关系、场所-事件关系、时间-事件关系、值-属性关系、实体-值关系、事件-角色关系和相关关系。

知网系统由知网管理系统和中英双语知识词典组成。知识词典是知网系统的基础文件。在这个文件中，每个词语的概念及其描述形成一个记录。每种语言的每个记录主要包含 4 项内容。其中每一项都由两部分组成，中间以"＝"分隔。每个"＝"的左侧是数据的域名，右侧是数据的值。它们的排列如下：

W_X=词语；

E_X=词语例子；

G_X=词语词性；

DEF=概念定义。

知网用知识词典描述语言来表述一个概念。DEF 项主要规定如下。

（1）任何一个概念的 DEF 项是必须填写的，不得为空。

（2）DEF 项中用于定义的特性至少是一个，但也可以是多个，数量没有限制，只要内容是合理的，且形式是合乎规范的即可。

（3）DEF 项的第一位置所标注的必须是知网所规定的主要特征，否则视为语法错误。但是有些关系意义，可以把次要特征置于‖中，作为第一位置的标注。例如，一些介词、连词等虚词。严格地说，它们本身没有概念意义。

（4）多个特征之间应以英文逗号","分隔，且逗号与特征之间没有空格。

（5）除了第一位置，其他位置也可以填有主要特征。但应该说明的是，当主要特征在非第一位置时，它失去了原有的上下位关系。

（6）DEF 项中任何一个位置上的信息都可以带有知网所规定的标示符号。

知网还认为事件概念主要特征之间的关系有三类：上下位关系、静与动的对应关系和动态相互感应关系。知网已经在中文信息处理领域发挥了巨大作用。

5．中文分词

对于西文，基本上不用经过分词就可以直接进入检索技术、短语划分、语义分析等更高一层的技术领域。而对于中文，只有解决分词问题、分词的准确率足够高、分词速度足够快，中文信息处理技术才能获得较好的结果。基本的分词方法有以下几种。

（1）最大匹配法

最大匹配法包括正向最大匹配法和逆向最大匹配法。设 D 为词库，MAX 为 D 中最大词长，Str 为待切分字符串。

正向最大匹配法的基本思想是：由左向右从 Str 里获取长度为 MAX 的字符串，与词库匹配。若成功，则作为一个词切分开来；反之，把该字符串从右边减去一个字符继续与词库匹配，直到成功为止。

逆向最大匹配法的基本原理与正向最大匹配法相同，它进行分词时对待切分文本的扫描方向是从右到左的。在与词典匹配不成功时，将所截取的汉字串从左至右逐次减去一个汉字，再与词典中的词进行匹配，直到匹配成功为止。一般来说，逆向匹配的切分精度略高于正向匹配。

（2）最短路径法

最短路径法是正向最大匹配法与逆向最大匹配法的结合，其基本思想是：正向切分按照切分结果顺序排列 Lz，逆向切分按照切分结果倒序排列 Lr。对于 Lz 与 Lr，从某一个切分词 W_i（i=0,1,2,…,n，n=min{length(Lz), length(Lr)}）开始比较，保留词 W 应该是两者中长度最大的。根据保留词从 Lz 和 Lr 中取得下一个比较词的开始字符。重复上述过程，直到 Lz 与 Lr 中长度最小的结果集比较完毕。

例如，"大学生活着实有趣"。假设最大词长为 4，则

正向最大匹配法求得的结果集：{大学生，活着，实，有趣}

逆向最大匹配法求得的结果集：{大学，生活，着实，有趣}

最短路径法求得的结果集：{大学生，活着，实，有趣}

上例中，逆向最大匹配法求得的结果集的路径也是最短的。

最短路径法应用了一个最小化截断字数的规则，这与汉语本身的语言规则是一致的，可以得到很好的结果，但也不能正确截断许多不完全符合规则的句子。

这两种方法都是机械分词法。这是一种纯粹的基于规则的方法。在这种方法中，要分析的字符串根据某种策略与"足够大的"机器字典中的条目进行比较。在实践中，首先进行机器分词，然后再利用进一步的语言信息来进一步提高分词的准确性。

（3）基于统计的分词方法

从形式上看，词是字的稳定组合。相邻的字在上下文中出现的频率越高，它们就越有可能组成一个词。事实证明，字与字相邻的频率或共同出现的概率能更好地表明词语的可信度。在预测中并排出现的每个字组合的频率可以被计算出来，以计算它们的互现信息。定义两个字的互现信息，计算两个汉字 X 和 Y 的相邻互现概率。互现信息反映了个体之间的相似度。如果相似度超过一定的阈值，就认为这组字符可以构成一个词。这种方法只需要计算语料库中的字组频率，不需要切分词典，因此被称为无词典分词法或统计取词法。

（4）基于理解的分词方法

在这种分词方法中，句子的语法是人工确定的。当计算机收到一个以标点符号为分隔符的句子时，首先要确定它属于哪种类型的句子，以模拟人类对句子的理解，实现单

词识别，这种分词方法需要大量的语言学知识和信息。由于汉语的模糊性、复杂性和灵活性，很难有效地组织各种语言信息和知识。因此，基于理解的分词系统需要进行深入的研究。

中文分词处理目前主要有两大难题。

（1）歧义问题

歧义问题分词处理系统面临的第一个挑战是如何识别文本中的歧义切分字段。分段的模糊性出现在中文词语的分段中。模糊性是影响词语分类系统正确性的一个重要因素，也是词语分类阶段最困难的问题。模糊性是指同一句子有两种或两种以上的缩短方式。例如，"化妆和服装"可以细分为"化妆/和/服装"或"化妆/和服/装"。如果计算机没有人类的知识来理解这些词，就很难确定哪个选项是正确的。

（2）未登录词识别

未登录词又称为新词，也就是在词典中没有登录过，但是又可以成为词的词。最典型的情况是一个人的名字。"李明出国了"这句话很容易理解。"李明"是一个词，因为它是一个人的名字。然而，计算机很难识别这个名字。如果我们要把"李明"作为一个词加入字典，全世界有相当多的名字，而且会不断有新的名字加入，这将是一个巨大的工程，在现实中是不可行的。还有其他一些新词，如机构名称、地名、品牌等，这些都很难处理。这些词也是人们经常使用的。新词识别是单词分离系统中一个非常重要和困难的问题。

6．词性标注

词性标注（Part of Speech Tagging）是分析和理解语言的一个中间环节，其任务是计算机通过逻辑推理机制，根据文本上下文环境为每一个词标记上一个合适的标记。也就是说，我们要确定每个词是名词、动词、形容词还是其他词性。词性标注的主要方法有以下几种。

（1）基于规则的方法

基于规则的方法使用大量人工开发的规则来注释文本。自 20 世纪 90 年代以来，出现了一种新的基于规则的词形注释方法。该方法采用基于转换、错误驱动的方法进行注释处理。

（2）基于统计的方法

随着 20 世纪 80 年代初计算语言学经验方法的出现，基于统计的方法主导了词汇注释，并被广泛使用到今天。基于统计的方法首先对一个给定的单词序列的所有可能的词串进行统计，然后对它们进行单独评估，并选择价值最高的词串作为最佳输出。

（3）统计和规则结合的方法

这种方法结合统计和规则两种方法的优势，互补彼此缺点，能够有效地进行词性标注。

（4）基于深度神经网络的方法

近年来，出现了一些利用深度神经网络进行词性标注的方法。深度学习在 NLP 中占据了重要地位，已经成为当前研究的主流方法。用深度学习可以很好地学习自然语言模式，能够发现词形、词性、词义之间的联系。

汉语词性标注的主要难点在于兼类词的词性歧义排除。词性兼类是指有些词具有两类或两类以上词性的句法分布特征，这些词将属于不同的词类，简称兼类。汉语中词性兼类问题普遍存在，也是 NLP 中难以解决的棘手问题。

4.1.2 自然语言处理的发展历史

NLP 是一个跨学科的领域，包含了许多学科，如计算机科学、语言学、认知心理学等。NLP 领域的第一个研究是机器翻译，由美国人韦弗在 1949 年首次提出。20 世纪 60 年代，国外在机器翻译领域做了很多研究，但显然当时对自然语言的复杂性估计不足，语言处理的理论和技术都没有成熟，所以进展不大。

近年 NLP 在词向量（word embedding）表示、文本的 encoder（编码）和 decoder（反编码）技术，以及大规模预训练模型（pre-trained）上的方法极大地促进了 NLP 的研究。

1. 采用基于规则的方法

1950 年图灵提出了著名的"图灵测试"，这一般被认为是 NLP 思想的开端。20 世纪 50 年代到 70 年代，NLP 主要采用基于规则的方法，研究人员认为 NLP 的过程和人类学习认知一门语言的过程是类似的，所以大量的研究人员基于这个观点来进行研究，这时的 NLP 停留在理性主义思潮阶段，以基于规则的方法为代表。但是基于规则的方法具有不可避免的缺点，首先规则不可能覆盖所有语句，其次这种方法对开发者的要求极高，开发者不仅要精通计算机，而且要精通语言学，因此，这一阶段虽然解决了一些简单的问题，但是无法从根本上将自然语言理解实用化。

2．基于统计的方法

20 世纪 70 年代以后随着互联网的高速发展，丰富的语料库成为现实以及硬件不断更新完善，NLP 思潮由经验主义向理性主义过渡，基于统计的方法逐渐代替了基于规则的方法。贾里尼克和他领导的 IBM 华生实验室是推动这一转变的关键，他们采用基于统计的方法，将当时的语音识别率从 70%提升到 90%。在这一阶段，NLP 基于数学模型和统计的方法取得了实质性的突破，从实验室走向实际应用。

3．基于深度学习的方法

（1）RNN、GRU、LSTM 模型

从 2008 年至今，受图像识别和语音识别领域成果的启发，深度学习逐渐开始融入 NLP 研究，从最初的单词向量到 2013 年的 word2vec，将深度学习与 NLP 的结合推向了高峰，并在机器翻译、问答系统和阅读理解等领域取得了一些成功。深度学习是一个多层的神经网络，从输入层开始经过逐层非线性的变化得到输出，从输入到输出做端到端的训练。把输入到输出的数据准备好，设计并训练一个神经网络，即可执行预想的任务。RNN 已经是 NLP 最常用的方法之一，GRU、LSTM 等模型相继引发了一轮又一轮的热潮。

（2）预训练语言模型与 Transformer

近年来，预训练语言模型使 NLP 取得了重大进展。预训练是指在大型无监督语料库上进行长时间的无监督或自我监督的训练（pre-training），以获得一般的语言建模和表示技能。然后，该模型被应用于实际的任务，不需要做太多的修改，只需在原来的语言表征模型上增加一个输出层以获得特定的任务输出，并在任务语料库上对模型进行轻度训练，这一步骤被称为微调（fine tuning）。在 Transformer 模型受到广泛关注之前，典型的预训练语言模型有 ELMo，其在一个大型的语料库里预训练一个双向 LSTM 模型，并微调应用于下游任务，在 NLP 任务中获得了显著的性能提升。但随着基于

Transformer 模型的 GPT、BERT、GTP2 等一系列预训练语言模型的出现，预训练语言模型从此在绝大多数 NLP 任务上都展现出了远远超过传统模型的效果。目前，Bert 模型已经在对话系统、机器阅读理解、搜索、文本分类等几乎大多数 NLP 领域快速应用，并在部分应用领域取得了突破性的效果提升。

预训练语言模型是 NLP 领域近年来最大的突破之一，其能有如此惊人的效果提升得益于 Transformer 模型强大的表示能力，从而使得 NLP 任务的性能再次提升一个台阶，给 NLP 领域带来了巨大的影响。

4.1.3 自然语言处理的应用及面临的挑战

我们通常不会思考我们自己语言的复杂性。语言是借助语义线索（如文字、符号或图像）传递信息和含义的一种直观行为。据说青少年时期学习语言更容易，学习方式也更自然，因为语言是可重复的、经过训练的行为，与走路很像。

然而对于人类来说很自然的内容，对于计算机而言非常难，因为存在大量非结构化数据、缺乏正式规则，以及缺少实际上下文或意图。因此，机器学习和人工智能获得越来越多的关注，并呈现出良好的发展势头，并且人们越来越依赖计算机系统来通信和执行任务。随着人工智能越来越复杂，NLP 也随之变得复杂。虽然人工智能和 NLP 这两个术语可能会让人联想到未来机器人的场景，但在现实的日常生活中，NLP 已经发挥出不可替代的用途了。

1. 社交媒体处理领域的应用

社交媒体超越了现实世界和虚拟世界的界限，使我们有可能从社交媒体上的大量数据中筛选出人类的行为模式，形成对人类个人和群体的全面概况和了解。从理论上讲，社会媒体处理涉及计算机科学、社会学、传播学、管理学、经济学、语言学、心理学等多个学科，是一个典型的多学科交叉研究课题，因此开展这项研究具有非常重要的理论意义，既有利于推动相关学科的发展，揭示人类行为模式的本质，又有助于促进传统 NLP 任务的快速发展。从应用上讲，无论是社会大众、政府企业，还是国家机构，都迫切需要社交媒体处理技术，特别是在"互联网+"时代，国家倡导跨界融合、开放共生、以人为本、连接一切的互联网生态环境。

通过对微博、微信、社会化标签系统等以人为本的社交媒体中的大数据进行分析和处理，可以促进用户获取新闻时事、人际沟通、自我表达、社会交流和社会参与，从而全方位改善人们的生活方式、行业运营和社会发展模式，为社会管理发挥重要的支撑作用。"互联网+"的核心是传统产业的在线和数据驱动发展。随着互联网上用户生成的数据和信息的急剧增加，以及信息传播方式的巨大变化，企业和消费者之间的关系正变得越来越平等、互动和互惠。

2．智慧教育领域的应用

教育一直是人工智能研究的一个重要应用领域，NLP 技术在教育领域的最早的应用是语法错误检测。随着技术的发展和教育环境的变化，教育领域对 NLP 技术的需求越来越大，越来越多的此类技术被应用于教育实践。

以写作为例，论文评分是一个复杂的问题，自动论文评分系统现在已经商业化，并被用来为数百万考生的论文评分。这个系统的成功是由于其相对复杂的 NLP 技术和资源的积累。这样的系统也可以用于英语教学，例如，三个在线英语学习系统：冰果、句酷和 iWrite。在语言方面，智能教学系统能够通过语音与学习者互动，基于语音的回答也被用于低风险测试和一些练习系统。随着网络技术的发展，MOOC 已经成为现代教育的重要技术手段和创新平台。与传统课程通常只有百分之十或百分之一的学习者注册不同，MOOC 的学习者数量巨大，达到数万或数十万人（注册学习者数量最多的是计算机科学，约有 13.6 万人）。由于学生人数众多，通常很难组织助教及时批改学生的作业，为此，基于机器自动评估和评分的互动练习在 MOOC 的教学过程中起到了核心作用。

3．少数民族语言处理领域的应用

我国的语言非常丰富，绝大多数少数民族都有自己的语言。据统计，在中国，少数民族正在使用的语言有 72 种左右，而已经消亡的古代语言更是不计其数。在 55 个少数民族中，除回族、满族两个少数民族用汉语外，还有多个少数民族各有自己的文字，且这些文字大都有较长的历史。如果把我国各民族在历史上使用过的文字计算进来，更是达到几十种之多。这些承载着几千年中华文明的现行和历史文字，代表着国家和民族的财富和资源，是中国 NLP 必须关注的一个重要领域和内容。

自 20 世纪 80 年代初以来，国内外对少数民族语言和文字的信息处理进行了研究。中国在制定民族文字编码标准、建立语料库和机器翻译方面发挥了主导作用，并取得了可喜的成果。进入新世纪后，中国的民族语言信息处理不断发展，几乎涵盖了 NLP 的所有领域。民族语言信息处理也已成为中国"一带一路"倡议的重要组成部分。这对中国在这一领域的话语权和主导地位，以及国际市场竞争和国家信息安全都有影响，这对于语音和写作的跨界信息处理来说尤其如此。

4．智慧医疗领域的应用

NLP 在生物医学领域发展迅速，已成为当前的研究重点。NLP 是一种从医学文本中提取有用信息的关键技术，这些文本作为非结构化（或半结构化）文本大量存储在信息系统中。NLP 将这些非结构化的医疗文本转化为包含重要医疗信息的结构化数据，使研究人员能够从这些结构化数据中提取有用的医疗信息。

由于人类的学习能力有限，研究人员试图通过 NLP 来聚合医学知识，提炼知识，从中提取有用的医学信息，最后建立知识本体或知识网络，以建立标准，促进后续各种文本挖掘任务，主要任务包括信息提取、机器翻译、情感分析、摘要提取等，使用的技术包括命名实体识别、语义消歧、命名消歧、词汇注释、结构分析等。大量的医学文本资料包含了病史、诊断、治疗方法和药物等名词，这些名词构成了 NLP 应用的基础。使用 NLP 技术来发掘隐藏在文本中的知识，对医学的发展具有重要意义。

5．自然语言处理面临的挑战

目前，NLP 的发展面临的挑战主要来自以下 3 个方面。

（1）更优的算法

在人工智能发展的 3 个要素（数据、计算能力和算法）中，算法设计对 NLP 研究者来说是最重要的。深度学习在许多任务中都表现出了巨大的优势，但最近后向传播算法的有效性受到了质疑。深度学习是一种用大量数据处理小任务的方法，专注于概括，学习的效率相对较低，而从小型数据集开始，分析基本原理并演绎解决多个任务的能力是未来研究的一个非常有益的方向。

（2）语言的深度分析

虽然深度学习极大地提高了 NLP 的效率，但这一领域与其说是寻找最好的机器学习方法，不如说是语言技术科学，核心仍然是语言学问题。未来的语言挑战还需要关注语义理解，从网络大数据中，通过透彻的语义分析，结合语言学理论，发现语义产生和理解的规律，研究数据背后隐藏的规律，扩展和改进现有的知识模型，使语义表述更加准确。语言的理解需要理性和经验的结合，其中理性是先验的，而经验是知识的延伸，所以要充分利用世界知识和语言理论，引导先进的技术来理解语义。分布式词向量包含部分语义信息，可以通过不同的词向量组合表达更丰富的语义，但词向量的语义作用还没有得到充分的发挥。捕捉语言中的语义表示模式，并以计算机可以理解的形式语言全面准确地表示语义，是未来研究的一项重要任务。

（3）多学科的交叉

我们必须为理解语义的问题找到一个合适的模型。在寻找这种模型的过程中，必须充分利用语言哲学、认知科学和大脑研究的研究成果，从认知的角度研究语义的产生，有可能创造出更好的语言理解模型。在科技创新的今天，多个学科的结合可以更好地促进 NLP 的发展。

4.2　文本挖掘

在现实世界中，人们可以获得的大部分信息都是以文本形式存在的，如书籍、报纸、电子邮件和网站。互联网的快速发展正在产生大量的文本数据，其中包含大量的有用信息。因此，针对这种文本信息的文本挖掘（Text Mining）技术受到了广泛关注。

4.2.1　文本挖掘简介

文本挖掘是指从这些非结构化或半结构化的文本数据中提取高质量的结构化信息。换句话说，文本挖掘旨在从未经处理的文本数据中提取有用的知识或信息。文本挖掘的典型任务是文本分类、文本聚类、概念/实体提取、情感分析、文档摘要等。文本分类和聚类是文本挖掘的核心任务，对科学和工业界具有重大意义。

1．文本分类与文本聚类

文本分类（Text Classification）的任务是根据给定文件的内容或主题，自动分配预定义的类别标签。文本聚类（Text Clustering）是一项基于文档之间内容或主题的相似性将文档集合划分为子组的任务，其中每个子组在文档内部的相似度较高，子组之间的相似度较低。

文本分类和文本聚类在智能信息处理服务中有着广泛的应用。例如，大多数在线新闻门户网站（如新浪、搜狐、腾讯等）每天会产生大量的新闻文章，如果手动分类，将非常耗时耗力，而对这些新闻文章进行自动分类或聚类，将对新闻的分类有很大帮助，然后进行个性化推荐。互联网还包含大量的文本数据，如网页、文件、专利和电子书，对这些内容的分类和聚类是快速搜索和检索的重要基础。此外，许多自然语言分析任务，如话题挖掘和垃圾邮件检测，可以被视为文本分类或文本聚类的具体应用。

对文档进行分类或聚类，一般需要经过两个步骤。

（1）文本表示，其指将无结构化的文本内容转化成结构化的特征向量形式，作为分类或聚类模型的输入。

（2）学习分类、聚类，在得到文本对应的特征向量后，就可以采用各种分类或聚类模型，根据特征向量训练分类器或进行聚类。

2．构建文本特征向量

构建文本特征向量的目的是将不能被计算机处理的非结构化文本内容转换成可以被计算机处理的特征向量形式。文本内容的特征向量的构建是决定文本分类和聚类性能的一个重要部分。

为了生成基于文本内容的特征向量，必须首先创建特征空间。一个典型的例子是文本词袋模型（Bag of Words），每个文档由一个特征向量表示，其中特征向量的每个维度代表一个单词元素。所有词语的向量长度可以达到几万甚至几百万，这样的高维特征向量表示如果包含大量的冗余噪声，会影响后续分类和聚类模型的计算效率和效果。因此，通常需要进行特征选择（Feature Selection）和特征提取（Feature Extraction），以选择最具鉴别力和信息量的特征，创建一个向量空间并降低向量空间的维度，或者进行特征转换（Feature Transformation），将高维特征向量映射到低维向量空间。

3．建立分类或聚类模型

在获得文本特征向量后，必须建立一个分类或聚类模型，根据特征向量对文本进行分类或聚类。分类模型旨在学习特征向量和分类标签之间的关联，以获得最佳的分类结果，而聚类模型旨在根据特征向量计算文本之间的语义相似度，并将文本集合分成若干子集。

分类和聚类是机器学习中经典的研究问题。通常情况下，文本分类或文本聚类问题可以直接用经典的模型或算法来解决。例如，对于文本分类，我们可以选用朴素贝叶斯、决策树、KNN、逻辑回归（Logistic Regression）、支持向量机（Support Vector Machine，SVM）等分类模型。对于文本聚类，我们可以选用 K-means、层次聚类或谱聚类（Spectral Clustering）等聚类算法。

这些模型算法适用于不同类型的数据而不仅限于文本数据。但是，文本分类或文本聚类会面临许多独特的问题，例如，如何充分利用大量无标注的文本数据？如何实现面向文本的在线分类或聚类模型？如何应对短文本带来的表示稀疏问题？如何实现大规模带层次分类体系的分类功能？如何充分利用文本的序列信息和句法语义信息？如何充分利用外部语言知识库信息？等等。这些问题都是构建文本分类和聚类模型所面临的问题。

4.2.2　文本挖掘算法

接下来，本节将从文本表示、文本分类算法、文本聚类算法三个方面介绍文本挖掘算法的主要内容。

1．文本表示

自然语言中的文本数据是一个词的序列。文本中的词序包含复杂的结构信息和广泛的语义信息。经典的文本分类和文本聚类模型提出了简化文本表示的词包模型，该模型将句子视为单词的集合，但忽略了单词之间的序列信息和句子结构信息。

在词包模型的基础上，向量空间模型（Vector Space Model）已经发展成为文本的主要表示方法，向量空间的每个维度代表一个词汇元素（词或 n-gram），文本在向量空间中的表示方法可以用 TF-IDF 等进行计算。

大型文本中有许多可能的词条，但并非所有的词条都可以作为文本特征。为了选择有效的文本特征，降低向量空间的维度，提高分类和聚类的效果和效率，特征选择、特征转换和主题分析（Topic Analysis）等特征还原方法被广泛研究和使用。下面将分别介绍这两类典型的特征降维方法。

（1）特征选择

特征选择的目的是要从现有的候选特征中选择最具代表性的特征。在特征选择中，构建一个基于特征的评分函数，对候选特征进行评分，然后保留分数最高的特征。以下介绍文本分类或文本聚类中常用的特征评分函数。

文档频率（Document Frequency，DF）是指在整个文本集合中，出现某个特征的文档的频率。其基本思想是，DF 值低于某一阈值的低频特征通常是有噪声或没有代表性的，信息含量低。因此，通常要手动设置一个阈值来去除低频特征，有效降低特征维度，提高分类或聚类效果，这是一种简单而有效的特征选择方法，经常被用来降低大体量的维度。

给定一个带有先前标记的类别标签的文本集合，我们可以用以下方法计算不同特征的类别区分度。

信息增益（Information Gain）计算的是增加一个特征时信息熵的变化，衡量的是该特征的信息含量。在计算了每个特征的信息增益后，信息量较小的特征可以被删除。

互信息（Mutual Information）根据特征与类别的共现情况来计算特征与类别的相关度，具体来说，词项 t 与类别 c 之间的互信息定义如下：

$$I(t,c) = \log \frac{P(t,c)}{P(t)P(c)} = \log \frac{P(t \wedge c)}{P(t)P(c)} \tag{4-1}$$

如果词项与类别没有关联关系，那么两者同时发生的概率 $P(t, c)$ 接近两者独立发生概率的乘积 $P(t)P(c)$，此时互信息趋近 0；若两者有关联关系，那么两者的联合概率会远大于独立概率的乘积，此时互信息远大于 0。因此，特征的互信息越高，说明该特征与某个类别的关联程度更紧密，用来进行分类的话，区分效果就更好。

卡方统计是另一种计算特征与类别关联关系的方法，它定义了一系列词项 t 与类别 c 之间共现或不共现的统计量（A、B、C、D），该词项在该类别下的卡方统计的计算公式如下：

$$\chi^2(t,c) = \frac{N(AD-CB)^2}{(A+C)(B+D)(A+B)+(C+D)} \tag{4-2}$$

定量研究表明，与 DF 相比，基于标注数据集合选取的特征更具有区分性，对文本分类效果提升显著，其中以卡方统计的表现最佳。

（2）特征转换

特征选择通过评估所有特征向量的重要性并选择最重要的特征向量来降低特征空间的维度。在特征转换中，高维的特征向量空间被映射或转换为低维的特征向量空间，从而降低了特征的维度。一些典型的特征转换方法如下。

主成分分析（Principal Component Analysis，PCA）是一种常见的降维方法。PCA首先计算特征向量之间的协方差矩阵，然后选择一组具有协方差矩阵最大特征值的特征向量作为主成分。在这些特征向量的帮助下，高维特征向量就可以通过线性映射转移到低维空间。

线性判别分析（Linear Discriminant Analysis，LDA）是模式识别领域的经典特征转换方法。压缩特征维度的效果是通过将高维特征向量映射到具有最佳可辨识度的低维空间来实现的。这种方法保证了转换后的特征向量具有最大的类间距离和最小的类内距离，这也意味着新的低维特征向量空间具有最佳的可辨识性。

（3）话题分析

文档通常是由一些话题组成的，也有研究专注于通过分析将文档话题表现为文档特征。主题分析是文本挖掘领域的一项重要任务，它假定在文件和词之间存在着一种潜在的语义关系，即话题。话题分析倾向于将文档视为不同话题的分布，而每个话题则是不同词汇的分布。主题分析的目标是利用大量的文档集合来自动学习主题表征并构建"文档-话题"和"话题-词语"关系。话题分析的代表性技术包括以下几种。

潜在语义分析（Latent Semantic Analysis，LSA）通过矩阵奇异值分解（Singular Value Decomposition，SVD）对文档-词语的同现矩阵进行分解，得到"文档-话题"矩阵以及"话题-词语"矩阵。由于 LSA 并没有对两个目标矩阵中的取值范围设定限制，不具备概率分布的良好属性。因此，后续有人提出了基于概率的潜在语义分析。

基于概率的潜在语义分析（Probabilistic Latent Semantic Analysis，PLSA）由 Hofmann

等人于 1999 年提出。通过引入概率统计的思想，PLSA 学习得到的"文档–话题"矩阵及"话题–词语"矩阵具有较好的概率分布属性，能够更直观地计算文档–话题及话题–词语之间的语义关系，同时也避免了 LSA 中 SVD 的复杂计算过程。由于 PLSA 无法较好地对新文档估计话题分布，Blei 等人于 2003 年提出了著名的产生式概率模型——潜在狄利克雷分布。

潜在狄利克雷分布（Latent Dirichlet Allocation，LDA）是一个层次化的贝叶斯模型，为文档的话题分布、话题的词语分布分别设置基于狄利克雷的先验概率分布，从而使模型具有较好的泛化推理能力，可以为新文档自动估计话题分布。与 PLSA 利用 EM 算法进行参数估计不同，LDA 可以采用更高效的 Gibbs 抽样法和变分推断法来进行参数估计。人们基于 LDA 提出很多新的主题分析模型，例如考虑文档之间关系的 RTM（Relational Topic Model）、考虑主题之间相关性的 CTM（Correlated Topic Model）、考虑话题随时间演变的 DTM（Dynamic Topic Model），以及考虑文档作者信息的 Author-Topic Model 等，均得到较为广泛的关注与应用。

值得一提的是，以上方法进行话题分析的结果既可以作为文档特征进行文本分类或聚类，也可以用来分析大规模文档集合中的话题分布与演化情况。这方面的重要应用是话题检测与跟踪（Topic Detection and Tracking，TDT），一般面向新闻媒体进行新话题发现和已知话题跟踪。以上主题模型均可用来进行有效的话题检测与抽取，而 DTM 等动态主题模型也可以得到同一主题在不同时期的变化情况。

2．文本分类算法

近年来，人们对文本分类模型做了大量的研究，特别是随着深度学习的发展，深度神经网络模型在文本分类任务中也取得了很大的进步。文本分类模型可大致分为以下三类。

（1）基于规则的分类模型

基于规则的分类模型的目标是创建一个规则的集合，可以用来对数据的类别做出判断。这些规则可以从训练样本中自动生成，也可以手动定义。通过确定一个样本是否符合某条规则的条件，就可以决定它是否属于该规则对应的类别。

典型的基于规则的分类模型包括决策树（Decision Tree）、随机森林（Random

Forest）、RIPPER 算法等。

（2）基于机器学习的分类模型

典型的基于机器学习的分类模型包括贝叶斯分类器（Naive Bayes）、线性分类器（逻辑回归）、支持向量机（Support Vector Machine，SVM）、最大熵分类器等。

SVM 是这些分类模型中比较有效、使用较为广泛的分类模型，它能够有效克服样本分布不均匀、特征冗余及过拟合等问题，被广泛应用于不同的分类任务与场景。通过引入核函数，SVM 还能够解决原始特征空间线性不可分的问题。

除了上述单分类模型，以 Boosting 为代表的分类模型组合方法能够有效地综合多个弱分类模型的分类能力。在给定训练数据集合上同时训练这些弱分类模型，然后通过投票等机制综合多个分类器的预测结果，能够预测更准确的类别标签。

（3）基于深度学习的分类模型

文本分类是 NLP 领域中非常重要的模块，它的应用也非常广泛，如垃圾过滤、新闻分类、词性标注等。接下来将介绍一些具有代表性的基于深度学习的分类模型。

① FastText

FastText 是一种十分简单有效的文本分类基线。虽然神经网络在文本分类中表现非常好，但在大文本数据情境下，其训练时间过长，因此有人提出了 FastText，其能够在大型语料库上非常快速地完成分类任务且获得不错的准确率，其通过使用连续词袋模型（continuous bag of words）将文本进行向量表示，然后输入一个线性分类器中得到一个中间向量，最后使用 Softmax 函数计算概率获得分类结果。

② TextCNN

TextCNN 尝试将卷积神经网络（CNN）应用到文本分类任务，其利用多个不同大小的卷积核（kernel）来提取句子中的关键信息（类似于多窗口大小的 n-gram 模型），从而能够更好地捕捉局部相关性。而该模型与传统图像的 CNN 相比，其在网络结构上没有任何变化，除了第一层输入层，TextCNN 模型的中间计算过程只有 1 层卷积层和 1 层最大池化（max-pooling）层，其计算结果将经由一层 Softmax 层来实现 n 分类。TextCNN 网络结构简单，但在模型网络结构如此简单的情况下，通过引入已经训练好的词向量依旧有很不错的效果。

③ TextRNN

TextRNN 利用了 RNN（循环神经网络）比 CNN 更擅长捕获长序列信息的特点，提高了较长文本分类的准确度。其首先将文本信息进行向量化处理，接着把词向量输入一层 BiLSTM（双向 LSTM）层中，最后将两个方向计算出的向量进行连接操作，最后经由一层全连接层与一层 Softmax 层得到分类结果。LSTM 结构解决了 RNN 中梯度消失（Vanishing gradients）和梯度爆炸（exploding gradients）的问题，因此该模型在文本分类中取得了不错的效果。

④ BERT

以上介绍的模型为常用的传统神经网络文本分类模型，在处理文本更为高效 Transformer 模型受广泛关注后，基于 Transformer 的 BERT 是目前最受欢迎的 NLP 模型之一。BERT 的训练通常包括两个方面的训练任务。

第一个训练任务称为 Masked LM，为了学习文本词汇之间的上下文关系，模型使用[MASK]标记随机掩盖训练文本中 15%的词汇，这些词汇中的 80%用 masked token 来代替，10%的词汇用一个随机的词来替换，剩下的 10%词汇保持不变，然后，利用训练文本中的其他词汇来对掩盖的词进行预测，以此训练模型对上下文的理解能力；第二个训练任务称为 Next Sentence Prediction，其通过利用文本中前一句话来预测后一句话，由此捕获句子之间的依赖关系，其通过添加特殊的字符[CLS]表示句子的开始，并且根据这个字符去表示整个句子，然后使用[SEP]表示两个不同句子之间的边界，通过[CLS]的输出结果判断这两个句子是否应该为前后两句话，实际上该训练任务属于二分类问题。

预训练 BERT 后，可以让模型更好地理解语言上下文，这使得模型在微调后就能够快速地适应下游任务，如文本分类任务。BERT 本质上是在海量语料的基础上，通过自监督学习的方法为单词学习好的特征表示，其优势在于可以根据具体的任务进行微调，并且能取得非常好的效果。

3．文本聚类算法

文本聚类是典型的无监督学习任务，文本聚类的代表算法包括以下两类。

（1）基于距离的聚类算法

基于距离的聚类算法的基本思想是，首先通过相似度函数计算文本间的语义关联度，较为常见的是余弦相似度，然后根据文本间的语义相似度进行聚类。典型的基于距离的聚类算法包括层次法和划分法。

层次法通过对原始数据按照不同簇之间的距离进行层次化分解，得到最终的聚类结果，代表算法包括 BIRCH、CURE 等。

划分法则通过对初始的 K 个分组进行迭代更新，直至达到较优的划分为止，K-means 算法就是划分法的代表方法。

（2）基于概率的聚类方法

主题模型（Topic Model）是典型的基于概率的文本聚类方法，主题模型的思想是对文本集合学习概率生成模型。与基于距离的聚类方法不同，这种基于概率的聚类方法假设每篇文章是所有主题（聚集）上的概率分布，而不是仅属于一个聚集。典型的主题模型包括 PLSA 和 LDA 等。

4.3　机器翻译

4.3.1　机器翻译简介

机器翻译（Machine Translation，MT）是指利用计算机实现从一种自然语言到另外一种自然语言的自动翻译，被翻译的语言称为源语言（source language），翻译为的语言称为目标语言（target language）。

简单地讲，机器翻译是打破语言壁垒，实现无障碍自由交流的关键技术，是 NLP 领域的核心研究方向，它几乎涉及 NLP 中的所有问题，被认为是 NLP 乃至人工智能领域最具挑战的技术。

1. 机器翻译的特点

由于人们通常习惯于感知（听、看和读）自己母语的声音和文字，甚至很多人只能感知自己的母语，因此，机器翻译在现实生活和工作中具有重要的作用。

从理论上讲，机器翻译包含了语言学、计算语言学、人工智能、机器学习甚至认知语言学等多个学科，是一个典型的多学科交叉的课题。因此，这项研究具有重要的理论意义，它推动了相关学科的发展，揭开了人脑实现跨语言理解的神秘面纱，并促进了

NLP 甚至语音技术和视觉图像处理等其他领域的快速发展。

在应用方面，无论是普通民众、公共企业，还是政府机构，都迫切需要高质量、高效率的机器翻译技术。特别是在"互联网+"时代，以多语言领域多模态呈现的大数据已成为我们面临的常态问题，机器翻译成为众多应用领域革新的关键技术之一。例如，在商贸、体育、文化、旅游和教育等各个领域，人们接触到越来越多的外文资料，越来越频繁地与持各种语言的人通信和交流，越来越多的商品实现了全球购、全球卖的目标，文学和影像作品也越来越频繁地在各个国家传播，从而对机器翻译的需求越来越强烈；在国家信息安全和军事情报领域，机器翻译技术也扮演着非常重要的角色。可以说离开机器翻译，基于大数据的多语言信息获取、挖掘、分析和决策等其他应用都将成为空中楼阁。

2．机器翻译的核心挑战

机器翻译的核心挑战包括两部分，一是学习源语言和目标语言中语义相同的表达方式，二是生成一个完整流畅的目标语言句子。在当前研究中，上述两个挑战仍然是机器翻译研究的关键科学问题。

（1）双语语义等价关系学习

近年来的机器翻译实践表明，在拥有大规模双语数据的条件下，基于深度学习的翻译系统往往能够达到比较好的翻译水平，在某些数据集上甚至可以达到与人工翻译相当的翻译水平。然而，大规模双语数据的条件并不总能被很好满足，这主要体现在领域和语言对两个角度。

从领域的角度来说，虽然中英、英德、英法等具有大规模的双语数据，但这些数据往往来自一个或多个特定的来源，如新闻、专利、学术文献等，一般统称为领域。不同领域的双语数据，其语言、语法特点往往会呈现出某些特定规律，这使得从不同领域的数据中学习的翻译知识也存在一定的差别，给多领域混合学习带来困难。更重要的是，某个特定领域的双语数据规模往往要比该语言对整体双语数据的规模小得多，这使得在特定领域获取高质量的翻译系统面临重要挑战。

从语言对的角度来说，仍然存在许多平行数据缺乏的语言对（称为资源稀缺或低资源场景），给机器翻译系统的学习带来巨大困难。在这些资源稀缺的场景中是否能够学习双语语义等价关系、如何学习双语等价关系，成为机器翻译研究的重要挑战。

（2）目标语言生成

生成流畅通顺的自然语言句子一直是 NLP 中一个重要研究问题。在机器翻译研究中，生成句子的同时还需要保证句子的连续性，这实际上要求生成过程能够考虑源端和目标端的上下文信息，给生成过程带来了更大挑战。

从篇章翻译的角度来说，篇章中的不同句子之间往往存在一定的逻辑关联，相邻句子中的单词也往往具有指代、单复数、一致性等方面的关联性。篇章机器翻译研究的目标即是保持整个篇章翻译的一致性和流畅性，主要关注在翻译过程中识别和利用篇章级的上下文的方法。

从同传翻译的角度来说，需要实时将语音信号转换为对应的文本信号，不仅面临着语音到文本转换过程中语音识别相关的问题，同时还面临着翻译过程中可能仅能看到部分源语言上下文、源语言信息不完全等问题。同传翻译的研究一方面关注不同模态之间关联信息的利用，另一方面还关注部分源语言上下文带来的歧义问题。

从翻译并行性角度来说，传统翻译按照语言的顺序（自左向右）生成目标语言，每个符号生成时已经完成了其前面所有符号的生成，这样的生成方式效率相对较低。如果能在翻译过程中有效利用周围目标端上下文信息，将有可能并行生成多个片段或者符号，极大提升翻译效率。并行翻译的研究主要关注在并行生成之前对前后目标端上下文的关联建模，或者在多次编辑修改过程中利用上下文提升翻译准确性，在一定程度上达到并行生成的目的。

4.3.2　机器翻译算法

1. 机器翻译的发展阶段

第一阶段为基于规则的机器翻译，即根据自然语言文本的语法规则和文法规则来进行翻译。基于规则的机器翻译的终点是对自然语言文本进行深层次的语法解析和语义解析，但是自然语言十分灵活，有限的语法规则无法完美解析各种各样多变的自然语言文本，而且，难以通过语法规则来解决同义词、多义词等语义理解问题。

第二阶段是基于统计学习的机器翻译，即在大量语料库上运用机器学习方法学习出从原文到译文的概率转移模型，然后选取概率最大的译文作为输出。这种方法假设将源语言的句子翻译成目标语言的句子是一个概率问题，目标语言的每个句子都可以是源语言任何句子的翻译，但概率不同，而机器翻译的任务是找到概率最高的句子。统计方法需要一个大型的双重语料库，其规模和范围直接决定了概率模型的好坏和翻译的质量。虽然这种方法不依赖大量的知识，直接依靠统计结果进行消歧义处理和翻译选择，从而避免了语言理解的许多挑战，但选择和处理语料库的工作量是巨大的。

第三阶段是基于深度学习的机器翻译。随着深度学习的兴起，研究人员开始使用端到端的深度学习模型进行机器翻译的建模。通过深度神经网络，机器翻译系统可以直接对翻译过程进行序列到序列的建模，并通过反向传播算法从大量平行语料中直接对神经网络的参数进行学习。这样的翻译系统不再依赖从数据中挖掘的带有噪声的翻译对应关系，也不再进行基本单元的组合和评分，而是通过对一系列向量表示的数值运算完成整个翻译过程。通过上述简单的建模方式便能充分发挥 GPU 等设备带来的计算能力上的飞跃，能够有效发掘数据中隐含的翻译相关的规律，从而达到出色的翻译效果。

自 2017 年以来，Google 的 Vaswani 等人提出的 Transformer 模型综合利用注意力、自注意力机制和层叠网络更加有效地进行了文本的建模，成为当前机器翻译系统研制的主流范式，其结构对其他 NLP 任务也带来了深远的影响。目前，在大规模数据和 GPU 算力的支持下，机器翻译系统的性能稳步提升，机器翻译技术在行业中得到更加广泛的应用。同时，得益于 TensorFlow、PyTorch 等深度学习框架的兴起和流行，以及 dl4mt、OpenNMT、Tensor2Tensor、Hugging Face、Fairseq 等开源工具的贡献，机器翻译的基础系统的研发可以快速进行，这使得越来越多的研究者更方便地进入了机器翻译领域，推动了机器翻译研究的新高潮。

2. 机器翻译的评价指标

由于自然语言翻译的结果不具有唯一性，所以，在评价机器翻译结果时，一般会对前 n 项的最佳结果进行综合考虑。评价的基本原则是：机器学习的结果越接近人给出的结果越好。常用的评价指标有 BELU、METEOR 和 ROUGE 等。

（1）BLEU

BLEU（BiLingual Evaluation Understudy）是 IBM 于 2002 年提出的一种文本评估算法，被用来评估机器翻译和专业人工翻译之间的对应关系。基本上，机器翻译越接近于专业的人工翻译，其质量就越好。从 BLEU 得出的分数现在是衡量机器翻译质量的主要指标。

BLEU 的主要思想是：分析候选译文（待评价的译文）和参考译文中 n 元组（n-gram）共同出现的程度，共现程度越大则质量越好。对于一个待翻译的句子，候选译文用 C_i 表示，对应参考译文有 m 个，表示为 $S_i=\{S_{i1},S_{i2},S_{i3},\cdots,S_{im}\}$，$n$-gram 表示 n 个单词长度的词组集合，W_k 表示第 k 组可能的 n-gram，$h_k(C_i)$ 表示 W_k 在候选译文 C_i 中出现的次数，$h_k(S_{ij})$ 表示 W_k 在参考译文 S_{ij} 中出现的次数。BLEU 首先要计算对应语句中的语料库层面上的重合精确度 $CP_n(C,S)$，即

$$CP_n(C,S) = \frac{\sum_i\sum_k \min\{h_k(C_i),\max_{j\in m}h_k(S_{ij})\}}{\sum_i\sum_k h_k(C_i)} \tag{4-3}$$

其中，k 表示可能存在的 n-gram 序号。

可以看出，$CP_n(C,S)$ 是一个精确度度量，在语句较短时表现更好，但并不能评价翻译的完整性。所以，引入一个惩罚因子 BP（Brevity Penalty）：

$$b(C,S) = \begin{cases} 1, & I_c > I_s \\ e^{\left(1-\frac{I_s}{I_c}\right)}, & I_c \leqslant I_s \end{cases} \tag{4-4}$$

其中，I_c 表示候选译文 C_i 的长度，I_s 表示参考译文 S_{ij} 的有效长度（当存在多个参考译文对时，选取和 I_c 最接近的长度）。本质上，BLEU 是对 n-gram 精确度的加权几何平均值，即

$$BLEU_N(C,S) = b(C,S) \times \exp\left(\sum_{n=1}^{N} w_n \times \log_2 CP_n(C,S)\right) \tag{4-5}$$

其中，N 是大于或等于 1 的自然数，而 w_n 一般对所有 n 取常数，即 $1/n$。

BLEU 在语料库层级上对语句的匹配表现很好。但随着 n 的增大，在句子层级上的匹配越来越差。BLEU 考虑的粒度是 n-gram 而不是词，这样可以有更长的匹配信息。但缺点是无论什么样的 n-gram 被匹配上了，都会被同等对待，而实际上往往并非如此。例如，动词在匹配上的重要性一般应该大于冠词。

（2）METEOR

METEOR 于 2004 年由 Lavir 提出，其目的是解决 BLEU 中的缺陷。METEOR 基于

单精确度的加权调和平均数和单字召回率。Lavir 的研究表明，召回率基础上的标准相比于那些单纯基于精确度的标准（如 BLEU 和 NIST），与人工判断结果有更高的相关性。

METEOR 还包括一些其他指标，如同义词匹配等。METEOR 并非只在确切的词形式上进行匹配，其匹配度量也考虑到了同义词。计算 METEOR 需要预先给定一组基准（Alignment）m。m 来源于 WordNet 的同义词库，通过最小化对应语句中连续有序的块（Chunks）ch 来得到。METEOR 就是对应最佳候选译文和参考译文之间准确率和召回率的调和平均数，即

$$\text{METEOR} = (1 - P_{\text{en}}) \times F_{\text{mean}} \tag{4-6}$$

$$P_{\text{en}} = \gamma \left(\frac{\text{ch}}{m} \right)^{\theta} \tag{4-7}$$

$$F_{\text{mean}} = \frac{P_m \times R_m}{\alpha P_m + (1 - \alpha) R_m} \tag{4-8}$$

$$P_m = \frac{|m|}{\sum_k h_k(C_i)} \tag{4-9}$$

$$R_m = \frac{|m|}{\sum_k h_k(S_{ij})} \tag{4-10}$$

其中，α、γ 和 θ 均为区间 $(0,1)$ 上的值，都是默认参数。

METEOR 的最终评价实际就是基于块的分解匹配和表征分解匹配质量的一个调和平均数，最后再乘上一个惩罚系数 P_m。BLEU 只考虑了语料库上的准确率，而 METEOR 则同时考虑了语料库上的准确率和召回率。

3. 基于深度学习的机器翻译模型

目前，主流机器翻译模型都是运用深度学习方法来完成的。图 4-2 是 Google 于 2016 年公布的神经机器翻译（Google's Neural Machine Translation，GNMT）模型，它是当前机器翻译模型的一个典型代表。图 4-2 中，$(x_1, x_2, \cdots, </s>)$ 表示输入语言文本的词序列（实际上是词或词片段序列），$(y_1, y_2, \cdots, </s>)$ 表示输出语言文本的词（或者词片段）序列，$</s>$ 是句子结束标志，"$\oplus$"表示连接操作，"+"表示两个向量按元素相加。

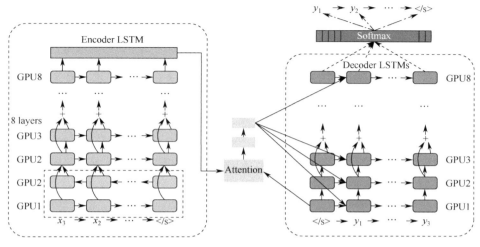

图 4-2　GNMT 模型

　　GNMT 模型的基本结构是"编码器–解码器"结构，并且叠加了注意力机制。前面提到过，注意力机制在深度学习中有重要的作用，能够大幅提升学习精确度。特别是在 NLP 领域，注意力机制受到了特别关注。GNMT 模型的编码器由 8 层 LSTM 堆叠而成（即 Stacked LSTM），其中第一层和第二层 LSTM 构成双向 LSTM，其他层都是单向 LSTM。解码器也是由 8 层 LSTM 堆叠而成的，但每一层都是单向 LSTM。GNMT 模型并非只是简单地堆叠 LSTM，而是在其中加入了残差连接（Residual Connections），即把堆叠 LSTM 和残差网络的思想融合在了一起。大量实践表明，残差连接或者层间短路连接对加深网络层次十分有利，并且也有利于有效提高传播梯度和提高学习精确度。

　　GNMT 模型同时使用数据并行和模型并行两种方式加速训练。数据并行就是同时训练多个参数一样的模型副本，每个副本可以异步更新模型参数。GNMT 模型还充分利用 GPU 进行模型并行，即把每层 LSTM 都分别放置在一个 GPU 上。正因为要保证模型并行性，所以不能过多使用双向 LSTM，避免后面的层要等待正、反方向全部结束才能开始。

4.4　自动问答系统

4.4.1　自动问答系统简介

　　自动问答系统（Question Answering System）一般是指以自然语言形式的问题为输

入,然后输出自然语言形式的简洁答案的人工智能系统。自然语言可以用文本方式表达,也可以用音频方式表达。音频方式需要用语音识别技术把语音转换为文本,最后把输出文本通过语音合成技术转换为音频。音频方式相当于在文本方式之外又多加了一层语音–文本相互转换的接口。

1. 自动问答系统的特点

自动问答不同于现有的搜索引擎,它是信息服务的一种高级形式。系统返回给用户的不再是根据关键词匹配排序的文档列表,而是准确的自然语言答案。近年来,随着人工智能的快速发展,自动问答成为备受关注且具有广阔发展前景的研究方向。它的研究历史可以追溯到人工智能的起源。1950 年,图灵发表了"计算机器与智能"一文,提出了经典的图灵测试(Turing Test)来测试机器是否智能。同样,在 NLP 研究领域,问答系统被认为是验证机器是否具有自然语言理解能力的四项任务之一(其他三项分别是机器翻译、释义和文本摘要)。自动问答的研究不仅有利于推动人工智能相关学科的发展,而且具有十分重要的学术意义。

2. 对自动问答系统需求

在应用方面,现有的信息服务技术基于关键词匹配和浅层语义分析已经无法满足用户日益增长的精准化和智能化信息需求,这需要对现有的信息服务模式进行改革。2011 年,华盛顿大学图灵中心主任 Etzioni 在 "*Search Needs a Shake-Up*" 一文中明确指出,互联网搜索在万维网诞生 20 周年之际正面临着从简单关键词搜索向深度问答的重大转变。因此,下一代搜索引擎的基本形态将是以自然语言为基础的自动问答系统,可以直接且准确地回答用户提问。

同年,IBM 的 Watson 自动问答系统以深度问答技术为核心,在美国智力竞赛节目 Jeopardy 中战胜了人类选手,引起了业内的轰动。Watson 自动问答系统展示了现有信息服务模式被颠覆的可能性,并成为了问答系统发展的一个里程碑。另外,随着移动互联网的崛起和发展,移动生活助手如苹果公司的 Siri、微软的 Cortana 等系统爆发性地涌现。这些系统将以自然语言为基本输入方式的自动问答系统视为下一代信息服务的新形式和突破口,并加大人力、资金的投入,试图在人工智能浪潮中取得领先地位。

4.4.2　自动问答系统模型

1. 自动问答系统的类型

根据目标数据源的不同，已有自动问答系统大致可以分为三类：检索式问答、社区问答、知识库问答。以下分别就这几个方面对研究现状进行简要阐述。

（1）检索式问答

随着搜索引擎的不断发展，检索式问答研究也在不断推进。1999 年，TREC QA 任务的启动推动了检索式问答的研究进展，该任务要求从给定的特定 Web 数据集中寻找能够回答问题的答案。这类问答系统的基本过程包括问题分析、篇章检索和答案抽取。根据抽取方法的不同，已有的检索式问答可分为基于模式匹配和基于统计文本信息抽取两类。基于模式匹配的系统通常先需要离线获取各种提问和答案的模式。在运行时，系统会首先判断当前提问属于哪一类，然后使用对应类别的模式对抽取的候选答案进行验证。为了提高问答系统的性能，NLP 技术也被引入。但由于这些技术尚未成熟，因此目前大多数系统都基于浅层句子分析。基于统计文本信息抽取的问答系统的典型代表是美国 Language Computer Corporation 公司的 LCC 系统，该系统使用词汇链和逻辑形式转换技术，将提问句和答案句转化为统一的逻辑形式（Logic Form），通过词汇链来推理和验证问题答案。LCC 系统在 TREC QA Track 连续三年的评测中获得了第一名，且以较大的领先优势取胜。2011 年，IBM 开发的 Watson 自动问答系统成为了问答系统发展的一个里程碑，其在美国智力竞赛节目 Jeopardy 中战胜了人类选手。Watson 自动问答系统的技术优势大致可以分为以下三个方面：

① 强大的硬件平台：包括 90 台 IBM 服务器，分布式计算环境；

② 强大的知识资源：存储了大约 2 亿页的图书、新闻、电影剧本、辞海、文选和《世界图书百科全书》等资料；

③ 深层问答技术（DeepQA）：涉及统计机器学习、句法分析、主题分析、信息抽取、知识库集成和知识推理等深层技术。

然而，虽然 Watson 自动问答系统在 Jeopardy 节目中战胜了人类选手，但它并没有突破传统检索式问答系统的限制。Watson 自动问答系统所使用的技术主要是检索和匹配，而回答的问题类型大多局限于简单的实体或词语类问题，其推理能力也不够强。

（2）社区问答

随着 Web2.0 的兴起，基于用户生成内容（User-Generated Content，UGC）的互联网服务越来越流行，社区问答系统应运而生，如 Yahoo!Answers、百度知道等。问答社区的出现为问答技术的发展带来了新的机遇。据统计，2010 年 Yahoo!Answers 上已解决的问题量达到 10 亿个，2011 年"百度知道"已解决的问题量达到 3 亿个，这些社区问答数据覆盖了方方面面的用户知识和信息需求。此外，社区问答与传统自动问答的另一个显著的区别是：社区问答系统有大量的用户参与，存在丰富的用户行为信息，如用户投票信息、用户评价信息、回答者的问题采纳率、用户推荐次数、页面点击次数，以及用户、问题和答案之间的相互关联信息等，这些用户行为信息对于社区中问题和答案的文本内容分析具有重要的价值。

一般来讲，社区问答的主要挑战在于从大规模历史问答对数据中寻找与用户提问语义相似的历史问题，并将这些问题的答案返回给用户。假设用户查询问题为 q_0，用于检索的问答对数据为 $S_{Q,A}=\{(q_1,a_1),(q_2,a_2)\},\cdots,(q_n,a_n)\}$，相似问答对检索的目标是从 $S_{Q,A}$ 中检索出能够解答问题 q_0 的问答对 (q_i,a_i)。

针对这一问题，传统的信息检索模型，如向量空间模型、语言模型等，都可以得到应用。但是，相对于传统的文档检索，社区问答的特点在于：用户问题和已有问句相对来说都非常短，用户问题和已有问句之间存在"词汇鸿沟"问题，基于关键词匹配的检索模型很难达到较好的问答准确度。目前，很多研究工作在已有检索框架中针对这一问题引入单语言翻译概率模型，IBM 翻译模型可以从大量的单语问答语料中获取同一种语言中不同单词之间的语义转换概率，从而在某种程度上解决词汇语义的差异。举例来说，如果和"减肥"相关的概率很高，那么与之相关的词可能包括"瘦身""跑步""饮食""健康""运动"等。除此之外，也有许多关于问句检索中词重要性的研究和基于句法结构的问题匹配研究。

（3）知识库问答

尽管检索式问答和社区问答在某些特定领域或商业领域有应用，但它们的核心是关键词匹配和浅层语义分析技术，难以实现知识的深层逻辑推理，因此无法达到人工智能的高级目标。近年来，学术界和工业界的研究者们逐渐将注意力转向知识图谱或知识库（Knowledge Graph）。这些知识图谱旨在将互联网文本内容组织成基于实体的语义单元（节点）的图结构，图上的边表示实体之间的语义关系。已有的大规模知识库包括DBpedia、Freebase、YAGO 等，这些知识库通常由"实体–关系–实体"三元组组成的图结构构成。基于这样的结构化知识，问答系统的任务就是根据用户问题的语义直接在知识库上查找并推理出相匹配的答案，这一任务称为面向知识库的问答系统或知识库问答系统。为了在结构化数据上进行查询、匹配、推理等操作，最有效的方式是利用结构化查询语句，如 SQL、SPARQL 等。然而，这些语句通常需要由专家编写，普通用户很难掌握并正确运用。对普通用户来说，自然语言仍然是最自然的交互方式。因此，将用户的自然语言问句转化为结构化查询语句是知识库问答的核心所在，其关键是对自然语言问句进行语义理解（如图 4-3 所示）。目前，主流方法是通过语义分析，将用户的自然语言问句转化为结构化的语义表示，如范式和 DCS-Tree。相应的语义解析语法或方法包括组合范畴语法（Category Compositional Grammar，CCG）和依存组合语法（Dependency-based Compositional Semantics，DCS）等。

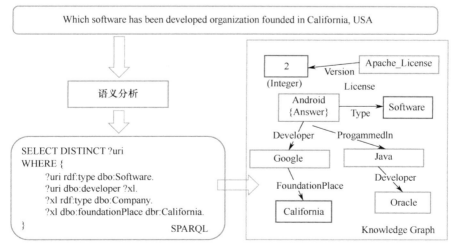

图 4-3　知识库问答过程

　　虽然许多语义解析方法在特定领域内能够取得良好的效果，但在这些方法中，许多重要组成部分（如 CCG 中的词汇表和规则集）都是由人工编写的，这些方法在处理大规模知识库时面临困难，如词汇表问题。在处理陌生的知识库时，人们无法预先或手工制作出完整的词汇表。目前已有许多工作试图解决上述问题，例如利用数据回标方法扩展 CCG 中的词典，挖掘事实库和知识库在实例级上的对应关系确定词汇语义形式。

虽然在限定领域内，许多语义解析方法已经达到了很好的效果，但是这些方法处理范式仍然是基于符号逻辑的，缺乏灵活性，其在分析问句语义的过程中，容易受到符号间语义鸿沟的影响。同时，从自然语言问句到结构化语义表达需要多步操作，多步间的误差传递对于问答的准确度也有很大的影响。近年来，深度学习技术及相关研究飞速发展，已经在很多领域取得了突破，如图像、视频和语音等，在 NLP 领域也逐步开始应用。其优势在于能够通过学习捕获文本（词、短语、句子、段落及篇章）的语义信息，将目标文本投射到低维的语义空间中，这使得传统 NLP 过程中很多语义鸿沟的现象可以通过低维空间中向量间的数值计算得到一定程度的改善或解决。因此，越来越多的研究者开始研究深度学习技术在 NLP 问题中的应用，如情感分析、机器翻译、句法分析等，知识库问答系统也不例外。与传统基于符号的知识库问答方法相比，基于表示学习的知识库问答方法更具健壮性，并已逐步超过传统方法。这些方法的基本假设是将知识库问答视为一个语义匹配的过程，通过表示学习，我们能够将用户的自然语言问题转换为一个低维空间中的数值向量（分布式语义表示），同时知识库中的实体、概念、类别及关系也能够表示成同一语义空间的数值向量。因此，传统知识库问答任务就可以视为问句语义向量与知识库中实体、边的语义向量之间的相似度计算过程。

2．自动问答系统的核心挑战

回答用户问题的自动问答系统需要完成多项关键技术。首先，它需要正确地理解用户提出的自然语言问题，并提取其中的关键语义信息。接着，自动问答系统会在自己的语料库、知识库或问答库中寻找答案，这需要使用检索、匹配、推理等技术。整个过程涉及多种技术，包括词法分析、句法分析、语义分析、信息检索、逻辑推理、知识工程和语言生成。传统的自动问答系统多集中在限定领域，针对限定类型的问题进行回答。伴随着互联网和大数据的飞速发展，现有研究趋向于开放域、面向开放类型问题的自动问答系统。概括地讲，自动问答系统的主要研究任务和相应关键科学问题如下。

（1）问句理解

给定用户问题，自动问答系统首先需要理解用户所提的问题。用户问句的语义理解包含词法分析、句法分析、语义分析等多项关键技术，自动问答系统需要从文本的多个维度理解其中包含的语义内容。在词语层面，自动问答系统需要在开放域环境下，研究命名实体识别（Named Entity Recognition）、术语识别（Term Extraction）、词汇化答案类型词识别（Lexical Answer Type Recognition）、实体消歧（Entity Disambiguation）、关键词权重计算（Keyword Weight Estimation）、答案集中词识别（Focused Word Detection）等关键问题。在句法层面，自动问答系统需要解析句子中词与词之间、短语与短语之间的句法关系，分析句子句法结构。在语义层面，自动问答系统需要根据词语层面、句法层面的分析结果，将自然语言问句解析成可计算、结构化的逻辑表达形式（如一阶谓词逻辑表达式）。

（2）文本信息抽取

给定问句语义分析结果，自动问答系统需要在已有语料库、知识库或问答库中匹配相关的信息，并抽取出相应的答案。传统答案抽取构建在浅层语义分析基础之上，采用关键词匹配策略，往往只能处理限定类型的答案，系统的准确度和效率都难以满足实际应用需求。

为保证信息匹配及答案抽取的准确度，自动问答系统需要分析语义单元之间的语义关系，抽取文本中的结构化知识。早期基于规则模板的知识抽取方法难以突破领域和问题类型的限制，远远不能满足开放领域自动问答的知识需求。为了适应互联网实际应用的需求，越来越多的研究者和开发者开始关注开放域知识抽取技术，这种技术的特点在于：①文本领域开放，能够处理各种领域的网络文本；②内容单元类型开放，不限于特定的内容单元类型，而是通过自动挖掘网络中的实体、事件和关系等类型的内容单元。

（3）知识推理

自动问答系统由于语料库、知识库和问答库本身的覆盖度有限，并不是所有问题都能直接找到答案，这就需要在已有的知识体系中，通过知识推理的手段获取这些隐含的答案。例如，知识库中包括了某人的"出生地"信息，却没包括他的"国籍"信息，从而无法直接回答诸如"某某人是哪国人？"这样的问题，但是一般情况下，一个人的"出生地"所属的国家就是他的"国籍"。在自动问答系统中，就需要通过推理的方式学习这样的模式。

传统推理方法采用基于符号的知识表示形式，通过人工构建的推理规则得到答案。但是面对大规模、开放域的问答场景，如何自动进行规则学习及如何解决规则冲突仍然是亟待解决的难点问题。目前，基于分布式表示的知识表示学习方法能够将实体、概念及它们之间的语义关系表示为低维空间中的对象（向量、矩阵等），并通过低维空间中的数值计算完成知识推理任务。虽然这类推理的效果离实际应用还有距离，但是我们认为这是值得探寻的方法，特别是将已有的基于符号表示的逻辑推理与基于分布式表示的数值推理相结合，研究融合符号逻辑和表示学习的知识推理技术，是知识推理任务中的关键科学问题。

3．Watson 自动问答系统

图 4-4 为 IBM 公司的 Watson 自动问答系统解决问答问题的两种基本结构。图中 Q 表示问题文本词（one hot 向量）序列；A 表示答案文本词（one hot 向量）序列；H 表示一个单层全连接神经网络，其激活函数是双曲正切函数（tanh 函数）；CNN 表示一层卷积网络；Max Pooling 表示一层最大池化网络；T 表示一层全连接神经网络，其激活函数也是双曲正切函数（tanh 函数）。网络最终的输出实际上是问题表示向量和答案表示向量之间的相似度（匹配度）。

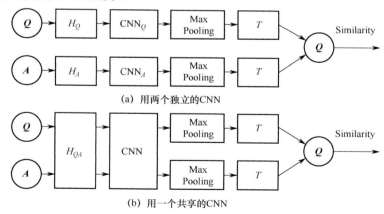

图 4-4　IBM 公司的 Watson 自动问答系统解决问答问题的两种基本结构

如图 4-4（a）所示的结构是用两个完全独立的 CNN 分别训练问题和答案，得到表示向量，最后计算向量间相似度。如图 4-4（b）所示的结构则是用同一个共享的 CNN

来训练问题和答案，然后分别得到表示向量并计算相似度。Watson 自动问答系统研究者和其他学者的研究结果都表明用共享网络结构比用两个独立网络结构具有更好的学习精度，因为共享网络更有利于发现问题和答案之间的关联性。

Watson 自动问答系统是一个典型的基于问题答案对的问答系统。该问答系统针对一个给定输入问题 Q，从候选答案集中找出一个最佳答案作为最终输出。该问答系统训练时的损失函数是

$$L = \max\{0, m - (\mathrm{sim}(Q, A^+) - \mathrm{sim}(Q, A^-))\} \tag{4-11}$$

其中，m 是大于 0 的实数，表示正确边距；$\mathrm{sim}(Q, A)$ 就是网络的输出；A^+ 表示正确答案（正确答案可能不止一个），A^- 表示错误答案。上述损失函数并不像其他 CNN 一样追求相似度最大，而是追求边距（Margin）最大。也就是说，Watson 自动问答系统训练网络要求 [问题, 正确答案] 对的相似度（匹配度）要远大于 [问题, 错误答案] 对的相似度，并且二者之差至少大于 m。实际上，Watson 自动问答系统在训练时，只有当正确答案与错误答案混淆不清时，才更新网络权重，即当 $\mathrm{sim}(Q, A^+) + \mathrm{sim}(Q, A^-) \geqslant m$ 时，不更新网络权重，而是另换一个新的错误答案（A^-）继续训练；只有当上述差值小于 m 时，才更新网络权重。Watson 自动问答系统在执行/测试问答时，选择最大相似度所对应的答案作为最佳答案。

度量向量相似度最常用的方法是计算向量间余弦值。实际上，Watson 自动问答系统的研究者还对比研究了很多种向量相似度的度量方法，最终发现把 L2 池数和向量内积进行综合平均的方法具有最好的效果。一种是计算欧氏距离与 sigmoid 点积的几何平均值：

$$\mathrm{Sg}(\boldsymbol{x}, \boldsymbol{y}) = \frac{1}{1 + \|\boldsymbol{x} - \boldsymbol{y}\|} \times \frac{1}{1 + \exp(-\gamma(\boldsymbol{x} \cdot \boldsymbol{y} + c))}, \gamma > 0 \tag{4-12}$$

另一种是计算欧氏距离与 sigmoid 点积的算术平均值：

$$\mathrm{Sa}(\boldsymbol{x}, \boldsymbol{y}) = \frac{0.5}{1 + \|\boldsymbol{x} - \boldsymbol{y}\|} + \frac{0.5}{1 + \exp(-\gamma(\boldsymbol{x} \cdot \boldsymbol{y} + c))}, \gamma > 0 \tag{4-13}$$

其中，γ 是大于 0 的实数，c 是一个常量。

4.5 语音识别

NLP 中的语音技术包含了很广泛的内涵，涉及语音合成、语音识别、说话人识别、

语音增强、语音翻译等，本节将着重介绍语音识别技术。

4.5.1 语音识别简介

语音识别（Automatic Speech Recognition，ASR）是指利用计算机自动识别并转换从语音到文本的过程。通常，该技术与自然语言理解、自然语言生成和语音合成等技术结合使用，以提供一种基于语音的自然、流畅的人机交互方式。

1. 语音识别的特点

早期的语音识别多基于信号处理和模式识别方法。随着技术的进步，机器学习方法越来越多地应用到语音识别研究中，特别是深度学习技术，它给语音识别的研究带来了深刻变革。另外，随着数据量的增加和机器计算能力的提高，语音识别越来越依赖数据资源和各种数据优化方法，这使得语音识别与大数据、高性能计算等新技术产生广泛结合。综上所述，语音识别是一门综合性应用技术，集成了包括信号处理、模式识别、机器学习、数值分析、自然语言处理、高性能计算等一系列基础学科的优秀成果，是一门跨领域、跨学科的应用型研究。

2. 语音识别的价值

语音识别研究具有重要的科学价值和社会价值。语音信号是典型的局部稳态时间序列，研究这一信号的建模方法具有普遍意义。事实上，我们日常所见的大量信号都属于这种局部稳态信号，如视频、雷达信号、金融资产价格、经济数据等。这些信号的共同特点是在抽象的时间序列中包括大量不同层次的信息，因而可以用相似的模型进行描述。历史上，语音信号的研究成果在若干领域发挥过重要的启发作用。例如，语音信号处理中的隐马尔可夫模型在金融分析、机械控制等领域都得到了广泛应用。近年来，深度神经网络在语音识别领域的巨大成功直接促进各种深度学习模型在自然语言处理、图形图像处理、知识推理等众多应用领域的发展，取得了一个又一个令人惊叹的成果。

在实用价值方面，语音交互是未来人机交互的重要方式之一。随着移动电话、穿戴式设备、智能家电等可计算设备的普及，基于键盘、鼠标、触摸屏的传统交互方式变得相对不够便捷。为了解决这种困难，手势、脑波等一系列新的人机交互方式进入人们的视野。在这些新兴的交互方式中，语音交互具有自然、便捷、安全和稳定等特性，是最理想的交互方式。在语音交互技术中，语音识别是至关重要的一环：只有能"听懂"用户的输入，系统才能做出合理的反应。今天，语音识别已经广泛应用在移动设备、车载设备、机器人等场景，在搜索、操控、导航、休闲娱乐等众多领域发挥了越来越重要的作用。随着技术越来越成熟稳定，我们相信一个以语音作为主要交互方式的人机界面新时代将很快到来。

4.5.2　语音识别算法

语音识别技术的发展可以追溯到 20 世纪 50 年代，当时贝尔实验室的 AUDREY 系统使用模拟电路实现了对 10 个数字的识别。随着计算机技术的发展，语音识别技术经历了概率模型方法和深度学习方法等几个重要发展阶段。

1．概率模型方法

在语音识别技术发展初期，主要采用模式匹配方法，即对不同词汇保留一些标准样本，然后将待测试的语音信号与这些样本进行匹配，以距离最近的样本对应的词汇作为该语音信号的发音。然而，这种方法存在不确定性，因为人们在发音时可能有很大的变化，而且不同的人发音也可能存在差异。20 世纪 80 年代，一些研究者提出了概率模型方法来描述这些不确定性。这种模型包括两个部分：一是在描述时序动态性时，将一个发音单元（一般为音素）划分为若干状态，同一状态内的发音特征保持相对稳定，不同状态之间以一定的概率进行跳转；二是在描述发音特征的不确定性时，通过概率模型描述某一发音状态内部的特征分布。其应用最广泛的概率模型是 HMM/GMM 模型，其中 HMM 主要用于描述短期稳定的动态特性，而 GMM 用于描述 HMM 各状态内发音特征的概率分布。由于 HMM/GMM 模型结构简单、训练速度快、可扩展性强，直到 2011 年一直是语音识别领域的主流方法。研究人员在 HMM/GMM 模型的框架下提出了多种改进方法，如引入上下文关联的动态贝叶斯方法、判别训练方法、自适应训练方法、HMM/NN 混合模型等，这些改进方法对语音识别研究产生了深远的影响。

2. 深度学习方法

2009 年起，深度学习开始在语音识别领域得到应用，首先在 TIMIT 数据集上获得成功。随后，微软、IBM、Google 等公司深入探索了不同的深度学习模型在各种识别任务上的表现。如今，深度学习方法已经成为语音识别领域的主流方法，基于深度模型的语音识别系统无论是识别准确率还是健壮性都比基于 HMM/GMM 模型的系统优秀。

（1）DNN/HMM 混合模型

在过去，DNN（深度神经网络）是语音识别领域中最常用的深度模型，它由多个隐层组成，具有强大的特征学习能力。在进行合理初始化（如预训练）后，可以使用随机梯度下降（SGD）算法对 DNN 进行优化。一旦训练完成，DNN 可以用于取代 GMM 计算不同 HMM 状态下的语音特征概率。2013 年以来，研究人员探索了各种神经网络模型，其中卷积神经网络（CNN）和循环神经网络（RNN）是最具意义的。

CNN 通过利用语音信号中典型模式（例如音素）的重复性和局部性，将 DNN 的全连接结构变成时频空间中的局部连接结构，相当于设计了一系列具有局部关注特性的滤波器，并通过训练学习滤波器的参数。这种方法更好地结构化了 DNN 的特征学习方式，不仅减少了参数量，而且更符合特征提取的结构化要求。

另一方面，通过时序建模，RNN 可以学习更长时间的历史信息，从而提高模型的预测和分类能力。最近，研究人员开发出了一系列更适合语音建模的 RNN 结构，如 LSTM、GRU 和双向 LSTM。

（2）端到端模型与 Transformer

DNN/HMM 混合模型依然依赖 HMM，这一模型的潜在问题在于用离散的状态来描述动态的语音生成过程。2014 年以后，人们尝试去掉 HMM 模型，首先取得成功的是 CTC（Connectionist Temporal Classification）。这一方法对整个音素进行建模，因此不需要 HMM。同时，CTC 在训练中考虑音素和语音信号之间的各种可能的对齐关系，因此不需要一个音素–语音对齐过程。总体来看，无论是训练还是解码，CTC 关注的是由一个输入语音序列到音素序列的转化过程，前者是输入端，后者是目标端。这种由输入端直接映射到目标端的模型称为"端到端模型"。

CTC 是第一个获得成功的端到端语音模型，意味着统治语音识别研究近 40 年的 HMM 已经变成一个可选项。CTC 之后，人们发现这一模型缺少对输出序列的建模能力，不同时刻的输出概率条件独立。为克服这一困难，研究人员提出 RNN-T，在 CTC 的框架基础上，引入相邻输出单元之间的概率模型，从而具有了更好的建模能力。事实上，这一输出单元之间的概率模型定义了一个音素串上的语言模型,这意味着如果训练数据足够大，RNN-T 可以同时学习语音模型和语言模型，因此解码时不再需要语言模型。因此，相比传统 CTC，RNN-T 是更完整的端到端模型。

2015 年，研究人员提出另外一种端到端语音识别框架，称为序列到序列（Sequence2Sequence）模型。这一模型采用一种更自然的方式将语音信号映射到目标音素序列：首先设计一个基于 RNN 的编码器，将输入信号序列降采样成一个代表发音内容的抽象序列，再通过一个基于 RNN 的解码器，将这一抽象序列映射成目标音素串。这一模型具有以下特点：①通过注意力机制，在每步解码时可以参考整条输入语音；②基于 RNN 的编码器可以对语音信号的长时信息进行建模；③基于 RNN 的解码器可以描述音素之间的相关性，事实上构建了音素上的语言模型。与 RNN-T 类似，如果训练数据足够充分，序列到序列模型将同时学习声学模型和语言模型，因此是一个完整的端到端模型。

自 2017 年深度神经网络模型 Transformer 问世以来,研究人员注意到具有自注意力机制的 Transformer 在机器翻译、计算机视觉等领域表现出了出色的性能。由此，有学者将 Transformer 引入语音识别领域，并提出了 Speech-Transformer 模型，使 Transformer 能够用于语音识别任务。然而，由于 Transformer 具有巨大的参数量，导致难以在低存储设备上部署，因此研究者对 Speech-Transformer 进行了轻量化处理。此后，研究人员陆续探索了 Transformer 在语音识别任务中存在的问题。2021 年，Google 团队借助 RNN-T 的整体架构，利用 Transformer 替换 RNN 结构。Transformer 具有的非循环的 attention 机制，可以实现并行化计算，从而提升计算效率；其还对 attention 的上下文时序信息宽度做了限制,即仅利用有限宽度的上下文时序信息,在损失较小精度的条件下,可以满足流式语音识别的要求。值得一提的是，Transformer 强大的表示与学习能力使得该模型取得了显著的翻译效果，该模型在 LibriSpeech 数据集上能够取得 state-of-the-art 的识别效果。

本 章 习 题

1. 什么是自然语言理解？

2. 自然语言的核心任务是什么？

3. 机器翻译经历了哪几个发展阶段？

4. 机器翻译的评价指标有哪些？

5. 不同类型的自动问答系统各有什么特点？

6. 自动问答系统有哪些核心挑战？

第 5 章

计算机视觉

本章导读

人类认识、了解世界的信息中有 80% 以上来自视觉，同样地，计算机视觉（Computer Vision，CV）是机器认知世界的基础，它的最终目的是使得计算机能够像人类一样"看懂世界"。计算机视觉可以从图像或视频中提取出符号或数值信息，分析计算该信息以进行目标的识别、检测和跟踪等。更形象地说，计算机视觉就是让计算机像人类一样能看到并理解图像。

本章旨在向读者介绍人工智能领域中非常重要的技术——计算机视觉的概念、发展历史以及当前和未来的研究领域与发展方向，以便帮助理解读者"边云智能"应用的落地技术。希望读者通过本章的学习，能够为"边云智能"技术在实际产业中的各种应用打好基础。

本章学习目标

（1）了解计算机视觉的发展历史；

（2）掌握计算机视觉重点技术图像分类、目标检测、图像分割和目标跟踪的经典算法模型；

（3）对边云智能的产业落地应用有深刻理解。

5.1 计算机视觉概述

在谈论计算机视觉之前，我们首先要弄清楚什么是计算机视觉。简单来说，计算机视觉就是用计算机来模拟人类的视觉系统，实现人类的视觉功能。接下来的问题就是：人类视觉的主要功能是什么？或者更一般地说，人类视觉系统主要是干什么的？我们每个人都有两只眼睛，用来看东西，但我们看什么？看的目的是什么？为什么要看？这些问题看似简单，但很少有人能说清楚。人类的感官功能，如视觉、听觉、触觉等，最初是在进化过程中形成的，以满足生存的需要。根据美国心理学家 Gibson 的理论，人类视觉的主要功能可以归结为适应外界环境和控制自身的运动。例如，看到汽车冲过来，你会赶快回避；看到前面有激流，你不会贸然趟过去。为了实现这一目标，我们的视觉系统需要：能识别物体，能判断物体的运动，以及确定物体的形状和方位。因此，物体识别、物体定位、物体三维形状恢复和运动分析，就构成了计算机视觉的主要研究内容。

5.1.1　计算机视觉简介

计算机视觉是一门涉及图像处理、图像分析、模式识别和人工智能等多种技术的新兴交叉学科，具有快速、实时、经济、一致、客观、无损等特点。

1. 计算机视觉的概念

计算机视觉是研究如何让机器"看"的科学，其可以模拟、扩展和延伸人类智能，从而帮助人类解决大规模的复杂问题。因此，计算机视觉是人工智能的主要应用领域之一，它通过使用光学系统和图像处理工具等来模拟人的视觉捕捉能力及处理场景的三维信息，理解并通过指挥特定的装置执行决策。目前，计算机视觉技术应用相当广泛，如人脸识别车辆或行人检测、目标跟踪、图像生成等，其在科学、工业、农业、医疗、交通、军事等领域都有着广泛的应用前景。

计算机视觉技术的基本原理是利用图像传感器获得目标对象的图像信号，并传输给专用的图像处理系统，将像素分布、颜色、亮度等图像信息转换成数字信号，并对这些信号进行多种运算与处理，提取出目标的特征信息进行分析和理解，最终实现对目标的识别、检测和控制等。

计算机视觉技术先由电荷耦合器件（Charge Coupled Devices，CCD）摄像头采集高质量图像，实现高精度测量，再通过图像数字化模块、数字图像处理模块、智能判断决策模块等软件模块的精确统计、运算和分析，包括参数经过线性回归、主成分分析方法（Principal Component Analysis，PCA）、学习型矢量法、贝叶斯决策、支持向量机、遗传算法、BP 神经网络、人工神经网络等，构建判别模型，为对图像目标做出某一方面的判断提供依据。

2．计算机视觉的特点

计算机视觉与其他人工智能技术有所不同。首先，计算机视觉是一个全新的应用方向，而不是像预测分析那样只是对原有解决方案的一种改进。其次，计算机视觉能够以无障碍的方式改善人类的感知能力。当算法从图像当中推断出信息时，它并不像其他人工智能方案那样在对本质上充满不确定性的未来做出预测；相反，它们只是判断关于图像或图像集中当前内容的分类。这意味着计算机视觉将随着时间推移而变得越来越准确，直到其达到甚至超越人类的图像识别能力，最后，计算机视觉能够以远超其他人工智能工具的速度收集训练数据。大数据集的主要成本体现在训练数据的收集层面，但计算机视觉只需要由人类对图像及视频内容进行准确标记——这项工作的难度明显很低，正因为如此，近年来计算机视觉技术的采用率才得到迅猛提升。

5.1.2　计算机视觉的发展历史

计算机视觉是一个发展十分迅速的研究领域,并已经成为计算机科学的重要研究领域之一。计算机视觉是模拟人类视觉的人工智能技术，用机器来"看"图像、"理解"图像。长期以来，人类持续不断地试图从多个角度去了解生物视觉和神经系统的奥秘，这些努力的阶段性理论研究成果已经在人们的生产生活中发挥了不可估量的作用。

1966 年，人工智能学家马文•明斯基在给学生布置的作业中，要求学生通过编写一个程序让计算机描述它通过摄像头看到了什么，这被认为是计算机视觉最早的任务描述。

20 世纪 70 年代至 80 年代，随着现代电子计算机的出现，计算机视觉技术初步萌芽。麻省理工学院的人工智能实验室首次开设计算机视觉课程，由著名的伯特霍尔德•霍恩（Berthold Horn）教授主讲，同实验室的大卫•马尔（David Marr）教授首次提出表示形式（Representation）是视觉研究最重要的问题。人们开始尝试让计算机"看到"东西，于是首先想到的是从人类的视觉机制中获得借鉴。

借鉴之一是当时人们普遍认为人类能看到并理解事物,是因为人类通过两只眼睛可以立体地观察事物。因此,要想让计算机理解它所看到的图像,必须先将事物的三维结构从二维的图像中恢复出来,这就是所谓的"三维重构"的方法。

借鉴之二是人们认为人类之所以能识别出一个苹果,是因为已经拥有了苹果的先验知识,如苹果是圆的、表面光滑的,如果给机器建立一个这样的知识库,让机器将看到的图像与知识库中的储备知识进行匹配,就有可能使机器识别乃至理解它所看到的东西,这是所谓的"先验知识库"的方法。

这一阶段的应用场景主要是光学字符识别、工件识别、显微/航空图片的识别等。

20 世纪 90 年代,计算机视觉技术取得了更大的进步,开始广泛应用于工业领域。一方面的原因是 CPU、数字信号处理等硬件技术有了飞速进步;另一方面得益于不同算法的引入,包括统计方法和局部特征描述符等。

进入 21 世纪,得益于互联网的兴起和数码相机的出现带来的海量数据,以及机器学习方法被广泛应用,计算机视觉发展迅速。以往许多基于规则的处理方式都被机器学习所替代,计算机能够自动从海量数据中总结、归纳物体的特征,并进行识别和判断。这一阶段涌现出了非常多的应用场景,包括典型的相机人脸检测、安防人脸识别、车牌识别等。

2010 年以后,借助于深度学习的力量,计算机视觉得到了爆发增长和产业化发展。通过深度神经网络,各类视觉相关任务的识别精度都得到了大幅提升。计算机视觉的应用场景也快速扩展,拥有了更广阔的应用前景,除了在比较成熟的安防领域的应用,也有应用在金融领域的人脸识别身份验证、电商领域的商品拍照搜索、医疗领域的智能影像诊断等。

5.1.3　计算机视觉的应用及面临的挑战

视觉是人类最重要的一种感觉,在人类认识世界和改造世界的过程中,它给人类提供了认识世界总信息量的 80%以上,人类可以通过视觉认识客观环境中各种物体的形状、大小、颜色、空间位置以及它们之间的相对位置,从而使人类通过大脑的活动,下达指令去完成生存所需的任务和行动,最终实现人类认识世界、改造世界的目的。因此,视觉对人类无疑是十分重要的。但是，人类的视觉由于生理条件的限制，只能在一定的条件下才能发挥作用。例如，人类对客观物体的观察只能在一定的距离、大小、亮度、波长以及时间范围内才能获得所需的信息。此外，人类视觉的灵敏度也有一定的限制，特别是在恶劣和有干扰的环境中，人类视觉会受到影响，造成观察结果的偏差。视觉还与人类在观察过程中的主观因素和精神状态有关，所以人类的视觉系统虽然极其重要，但是存在生理条件的限制，有一定的局限性。人们渴望着利用科学技术手段研制出能克服人类视觉的局限性，拓宽人类视觉边界的系统，为人类社会服务。

在采集图像、分析图像、处理图像的过程中，计算机视觉的灵敏度、精确度、快速性都是人类视觉所无法比拟的，它克服了人类视觉的局限性。计算机视觉系统的独特性质使得其在各个领域的应用中显示出了强大生命力。目前，计算机视觉系统的应用已遍及航天、工业、农业、科研、军事、气象、医学等领域。因此，研究及利用计算机视觉系统对当今世界来说十分重要，它将推动科学和社会更快地向前发展，为人类做出日益重要的贡献。

现今人工智能是一大研究热点，而机器要想变得更加智能，必然少不了对外界环境的感知。有研究表明，人类对外界的环境的感知 80%以上来自视觉系统，机器也是如此，大多数的信息包含在图像中，人工智能的发展少不了计算机视觉。目前，计算机视觉在以下领域得到了广泛应用，但也面临着一些挑战。

1．公共安全领域的应用

公共安全领域是计算机视觉技术的重要应用场景，尤其是人脸识别技术，它作为构建立体化、现代化社会治安防控体系的重要抓手和技术突破点，在当前的安防领域中具有重要的应用价值。近十年来，街道摄像头等视觉传感器的普及为智能安防提供了硬件基础和数据基础，为深度学习算法提供了大量的训练数据，从而大幅提升了人脸识别技术的水平。

国内多家人脸识别产品已经被公安部门用于安防领域。完整的人脸识别系统包括人脸检测、人脸配准、人脸匹配、人脸属性分析等模块，其主要应用包括静态人脸识别、动态人脸识别、视频结构化等。例如，1∶1 比对的身份认证，相当于静态环境下的人脸验证任务，可用于对输入图像与指定图像进行匹配，已经成熟应用于人脸解锁、身份验证等场景。动态人脸识别技术则是通过摄像头等视觉传感设备在视频流中获得动态的多张人脸图像，再从数据库中的大量图像中找到相似度最高的人脸图像，广泛用于人群密集场所当中的布控，协助安全部门进行可疑人口排查、逃犯抓捕等情报研判任务。视频结构化则是面向人、车、物等对象，从视频流中抽象出对象的属性，如人员的体貌特征、车辆的外形特征等，可以预警打架斗殴、高危车辆等社会治安问题，成为打击违法犯罪活动、建设平安城市的重要技术。

2. 智慧医疗领域的应用

随着近几年来计算机视觉技术的进步，智慧医疗领域受到了学术界和产业界的持续关注，其应用越来越广泛和深入。计算机视觉技术将从两个层面对智慧医疗领域产生深刻的影响：第一，对于临床医生，计算机视觉技术能帮助其更快速、更准确地进行诊断分析工作；第二，对于卫生系统，计算机视觉技术通过人工智能的方式能改善工作流程、减少医疗差错。

目前，在医学上采用的图像处理技术大致包括压缩、存储、传输和自动/辅助分类判读，也可用于医生的辅助训练。与计算机视觉相关的工作包括分类、判读和快速三维结构的重建等。

此外，计算机视觉技术与深度学习的结合在医学图像等领域产生了大量的研究成果。例如，图像配准技术是在医学图像分析领域进行量化多参数分析与视觉评估领域的关键技术；DeepGestalt 算法能够提高识别罕见遗传综合征的准确率，在实验的 502 张不同的图像中，其正确识别综合征的准确率达到了 91%；而基于卷积神经网络的人工智能算法能够识别心室功能障碍患者，研究团队在 52 870 名患者上测试了该神经网络，结果显示，其灵敏度、特异性和准确率分别达到了 86.3%、85.7%和 85.7%。

3. 无人机与自动驾驶领域的应用

近年来，无人机与自动驾驶行业的兴起，让计算机视觉在这些领域的应用成为研究热点。以无人机为例，从航拍到救援救灾和空中加油等应用，都需要高精度的视觉信号以保障决策与行动的可靠性。在无人机的核心导航系统中，视觉系统是一个重要的子系统，可以通过单摄像头、双摄像头、三摄像头甚至全方向的摄像头布置，克服传统方法的限制与缺点；结合 SLAM、VO 等技术，应用深度学习算法，能够提高位姿估计、高度探测、地标跟踪、边缘检测、视觉测距、障碍检测与规避、定位与导航等任务的精度，形成外界信号与无人机飞控系统的闭环，从而提高飞行器的稳定性。目前，商用的无人机已被广泛地应用于活动拍摄、编队表演、交通检测乃至载人飞行等领域。

计算机视觉软硬件技术的齐头并进，加快了自动驾驶技术的发展。特别是随着摄像头的普及，以及激光雷达、毫米波雷达、360°大视场光学成像、多光谱成像等视觉传感器的配套跟进，再加上卷积神经网络和深度学习算法，基于计算机视觉系统的目标识别系统可以观测交通环境，从实时视频信号中自动识别出目标，为自动驾驶的起步、加速、制动、车道线跟踪、换道、避撞、停车等操作提供判别依据。

4．工业领域的应用

计算机视觉在工业领域也有着极为重要的应用。在工业领域，计算机视觉是工业机器人领域的关键技术，配合机械装置能够实现产品外观检测、质量检测、产品分类、部件装配等功能。例如，工业机器人的手眼系统是计算机视觉应用最为成功的领域之一，工业现场的诸多因素，如光照条件、成像方向均是可控的，使得手眼系统的构建大为简化，有利于构成实际的系统。在工业互联网大力推进的大背景下，计算机视觉在智能化、无人化的工业领域中的应用将越来越普及，发挥出更大的作用。

5．其他领域的应用

计算机视觉的应用非常广泛，除了上文提到的多个重要的领域，在其他产业（如农业、服务业）也有着大量的应用实践，为人类生活提供了越来越多的便利。在农业领域，计算机视觉的应用成果涉及农产品品质检测、作物识别与分级、农副产品出厂质量监测、植物生长监测、病虫害的监测与防治、自动化收割等领域，为精细农业和农业生产自动化奠定了基础。例如，腾讯人工智能实验室在 2018 年利用传感器收集温室气温等环境数据，并通过深度学习算法进行计算、判断与决策，远程控制黄瓜的生产，减少了人力资源的投入。

在第三产业，"智慧城市"的概念带动了诸如智慧交通、智慧教育、智慧社区、智慧零售、智慧政务等基于计算机视觉技术的应用场景。计算机视觉在生物特征鉴别技术方面也有着广泛的应用，主要集中在人脸、虹膜、指纹、声音等特征上。它可以用来构建智能人机接口，使计算机检测到用户是否存在、鉴别用户身份、识别用户的体势（如点头、摇头等）。此外，这种人机交互方式可推广到一切需要人机交互的场合，如人口安全控制、过境人员的验放等。以计算机视觉为代表的人工智能技术未来将深刻改变人类的生活方式乃至社会形态。

6. 计算机视觉面临的挑战

目前，计算机视觉技术的发展面临着三大挑战。首先，有标注的图像和视频数据较少，机器在模拟人类智能进行认知或感知的过程中，需要大量有标注的图像或视频数据指导机器学习中的一般模式，但是当前，海量的图像视频数据主要依赖人工标注，不仅费时费力，还没有统一的标准，可用的有标注的数据有限，导致机器的学习能力受限。其次，计算机视觉技术的精度有待提高，如在多类别物体检测任务中，当前检测正确率并不高，只能在对正确率要求不是很高的场景下应用。最后，计算机视觉技术的处理速度有待提高，图像和视频信息需要借助高维度的数据进行表示，这是让机器看懂图像或视频的基础，对机器的计算能力和算法的效率要求很高。

5.2 图像分类

图像分类是根据不同类别的目标在图像信息中所反映的不同特征，将它们区分开来的图像处理方法。它利用计算机对图像进行定量分析，把图像或其中的每个像素或区域划分为若干个类别中的某一种，以代替人的视觉判断。

5.2.1 图像分类简介

图像分类的任务就是输入一张图像，正确输出该图像所属的类别。对于人类来说，判断一张图像的类别是一件很容易的事情，但是计算机并不能像人类那样获得图像的语义信息。计算机能看到的只是一个个像素的数值，对于一张 RGB 图像，假设其尺寸是 32×32，那么计算机看到的就是一个 $3 \times 32 \times 32$ 的矩阵，或者更正式地称其为张量（可以简单理解为高维的矩阵）。图像分类就是寻找一个函数关系，这个函数关系能够将这些像素的数值映射为一个具体的类别（类别可以用某个数值表示）。

图像分类的核心任务是分析一张输入图像并得到一个给图像分类的标签，标签来自预定义的可能类别集。

例如，假定一个可能的类别集 categories = {dog, cat, eagle}，向分类系统中输入一张图像，如图 5-1 所示。图像分类系统的目标是根据输入图像，从类别集中分配一个类别，这里为 dog 类别。分类系统也可以根据概率给图像分配多个标签，如 dog：90%；cat：6%；eagle：4%。

图 5-1　向分类系统中输入一张图像

5.2.2　图像分类算法

图像分类是计算机视觉领域非常热门的研究方向，在很多领域得到了广泛应用，包括人脸识别、行人检测与跟踪、智能视频分析、车辆计数等，可以说图像分类已经应用于人们日常生活的方方面面。

1. 传统图像分类算法

完整建立图像识别模型一般包括底层特征提取、特征编码、空间约束、分类器分类等几个阶段。传统图像分类流程如图 5-2 所示。

图 5-2　传统图像分类流程

底层特征提取通常是从图像中按照固定步长、尺度提取大量局部特征描述。常用的局部特征包括尺度不变特征转换（Scale-Invariant Feature Transform，SIFT）、方向梯度直方图（Histogram of Oriented Gradient，HOG）、局部二值模式（Local Binary Pattern，LBP）等，也可以采用多种特征描述，以防止丢失过多的有用信息。

由于提取的底层特征中包含了大量冗余与噪声，为了提高特征表达的鲁棒性，需要使用一种特征转换算法对底层特征进行编码，该过程称为特征编码。常用的特征编码方法包括向量量化编码、稀疏编码、局部线性约束编码、Fisher 向量编码等。

特征编码之后一般会经过空间约束，也称为特征汇聚，是指在一个空间范围内，对每一维特征取最大值或者平均值，可以获得一定特征不变形的特征表达。金字塔特征匹配是一种常用的空间约束方法，这种方法提出将图像均匀分块，并在分块内进行空间约束。

经过前序操作后，图像就可以用一个固定维度的向量进行描述，并通过分类器对图像进行分类。常用的分类器包括支持向量机、随机森林等。支持向量机是使用最为广泛的分类器，在传统图像分类任务上性能很好。

2. 基于深度学习的图像分类算法

基于深度学习的图像分类算法的原理是输入一个元素为像素值的数组，并给它分配一个分类标签。基于深度学习的图像分类算法流程如图 5-3 所示。

输入是包含 N 张图像的集合，每张图像的标签是 K 种分类标签中的一种。这个集合称为训练集。

图 5-3　基于深度学习的图像分类算法流程

学习即让分类器使用训练集来学习每个类的特征，也称为训练分类器。

评价即让分类器来预测它未曾见过的图像的分类标签，对分类器预测的标签和图像真正的分类标签进行对比，并以此来评价分类器的质量。分类器预测的分类标签和图像真正的分类标签一致的情况越多，分类器的质量越好。

　　例如，CIFAR-10 数据集是一个非常流行的图像分类数据集。这个数据集包含了 60 000 张 32 × 32 的小图像，每张图像都是 10 种分类标签中的一种，这 60 000 张图像被分为包含 50 000 张图像的训练集和包含 10 000 张图像的测试集。CIFAR-10 数据集的 10 种分类如图 5-4 所示。

图 5-4　CIFAR-10 数据集，来源 https://www.cs.toronto.edu/~kriz/cifar.html

　　深度学习算法在图像分类中的应用，涌现出了一大批优秀的适用于图像分类的深度学习模型，下面介绍有代表性的 4 类深度学习模型。

　　（1）VGG 模型

　　相比以往的模型，VGG 模型进一步加宽和加深了网络结构，它的核心是 5 组卷积操作，每 2 组之间做最大池化的空间降维。每组内采用多次连续的 3×3 卷积，卷积核的数目由较浅组的 64 增多到最深组的 512，而且每组内的卷积核数目相同。接着，卷积之后先接 2 层全连接层，再接分类层，根据每组内卷积层的不同，有 11、13、16、

19 层几种模型。VGG 模型结构简洁明了,因此有很多研究者基于此模型进行了深入扩展研究。

（2）GoogleNet 模型

GoogleNet 模型由多组 Inception 模块组成,其设计借鉴了 NIN（Network In Network）模型的一些思想,NIN 模型有两个特点:首先,它引入了多层感知卷积网络代替一层线性卷积网络,多层感知卷积网络是一个微小的多层卷积网络,即在线性卷积后增加若干层 1×1 的卷积,以提取出高度非线性特征;其次,传统的卷积神经网络最后几层一般是全连接层,参数较多,而 NIN 模型的最后一层卷积层包含类别维度大小的特征图,并采用全局均值池化替代全连接层,得到类别维度大小的向量,再进行分类,这种替代全连接层的方式有利于减少参数。GoogleNet 模型由多组 Inception 模块堆积而成,在网络最后像 NIN 模型一样采用了均值池化层,但与 NIN 模型不同的是,GoogleNet 模型在池化层后加了一个全连接层来映射类别数。此外,GoogleNet 模型在中间层添加了 2 个辅助分类器,在后向传播中增强梯度并且增强正则化,而整个网络的损失函数是这 3 个分类器的损失加权求和。

（3）残差网络模型

残差网络（Residual Network,ResNet）模型是一种用于图像分类、图像物体定位和图像物体检测的深度学习模型,它针对随着网络训练加深而导致准确度下降的问题,提出了残差学习方法来降低训练深层网络的难度。ResNet 模型在已有小卷积核、全卷积网络等设计思路的基础上,引入了残差模块,每个残差模块包含两条路径,其中一条路径是输入特征的直连通路,另一条路径则是对该特征做两到三次卷积操作,以获得该特征的残差,最后将两条路径上的特征相加即可。

（4）ViT（Vision Transformer）模型

鉴于 Transformer 在 NLP 领域取得了出色的表现,ViT 模型完全抛弃了基于 CNN 的图像分类模型架构,而是直接使用纯 Transformer 的结构,并取得了不错的结果。ViT 模型采用了原始 BERT 模型的 Transformer 结构,并引入了 patch 的概念,将输入图像划分为 patch 块。在使用时,ViT 模型利用卷积层将 patch 进行编码并拉伸,进而将图像数据转换成类似 BERT 模型的输入结构,这标志着 Transformer 也在图像分类领域有了一席之地。

5.3　目标检测

目标检测需要定位出图像目标的位置和相应的类别。由于各类物体有不同的外观、形状、姿态，加上成像时光照、遮挡等因素的干扰，目标检测一直是计算机视觉领域最具有挑战性的问题。

5.3.1　目标检测简介

目标检测的任务是在图像中找出所有感兴趣的目标（物体），并确定它们的位置和大小，是计算机视觉领域的核心问题之一。图像分类任务关心整体，给出的是整张图像的内容描述；而目标检测关注特定的物体目标，要求同时获得该目标的类别信息和位置信息。相比于图像分类，目标检测给出的是对图像前景和背景的理解，算法需要从背景中分离出感兴趣的目标，并确定这一目标的描述（类别和位置）。因此，目标检测模型的输出是一个列表，列表的每一项使用一个数据组给出目标的类别和位置（常用矩形检测框的坐标表示）。

目标检测需要解决目标可能出现在图像的任何位置、目标有不同的大小以及目标可能有不同的形状这 3 个核心问题。目标检测示意图如图 5-5 所示。

图 5-5　目标检测示意图

5.3.2　目标检测算法

深度学习是具有更多隐藏层数的神经网络，它可以学习到机器学习等算法不能学习到的更加深层次的数据特征，能够更加抽象并且准确地表达数据。因此，基于深度学习的各类算法被广泛地应用于目标检测中。

（1）R-CNN

R-CNN 采用的是选择性搜索（Selective Search）算法，使用聚类的方法对图像进行分组，得到多个候选框的层次组。R-CNN 通过使用 Selective Search 算法，从图像中提取出 2 000 个可能包含目标的区域，再将这 2 000 个候选区域（Region Of Interest，ROI）压缩到统一大小（227×227），并送入卷积神经网络中进行特征提取，在最后一层将特征向量输入支持向量机分类器，得到该候选区域的种类。从整体上看，R-CNN 的结构比较简单，但它也存在两个重大缺陷：一是 Selective Scarch 算法进行候选区域提取的过程在 CPU 内计算完成，占用了大量的计算时间；二是对 2 000 个候选区域进行卷积计算、提取特征时，存在大量的重复计算，进一步增加了计算复杂度。

（2）SPP-NET

SPP-NET 是在 R-CNN 的基础上提出的，由于 R-CNN 只能接收固定大小的输入图像，若对图像进行裁剪以符合要求，则会导致图像信息不完整；若对原始图像进行比例缩放，则会导致图像发生形变。在 R-CNN 中，需要输入固定尺寸图像的是第一个全连接层，而对卷积层的输入并不做要求。因此，在最后一个卷积层和第一个全连接层之间做一些处理，将不同大小的图像变为固定大小的全连接层输入就可以解决问题。SPP-NET 在最后一个卷积层后加入空间金字塔池化（Spatial Pyramid Pooling，SPP）层，在 SPP 层中分别作用不同尺度的池化核，再对得到的结果进行拼接，就可以得到固定长度的输出，此时的网络就可以在特征层中提取不同大小的特征图。此方法虽然仍需预先生成候选区域，但是输入 CNN 特征提取网络的不再是 2 000 个候选区域而是包含候选区域的整张图像，在低层次的特征提取中只需通过一次卷积网络，计算量即可得到极大的降低，其处理速度是 R-CNN 的 100 倍左右。

（3）Fast R-CNN

R-CNN 在候选区域上进行特征提取时存在大量重复性计算，为了解决这个问题，人们提出了 Fast R-CNN。Fast R-CNN 借鉴 SPP-NET 对 R-CNN 进行了改进，检测性能获得了提升。不同于 SPP-NET，Fast R-CNN 提出了一个被称为 ROI 池化（ROI Pooling）的只有一层的金字塔网络，它可以把不同大小的输入映射成一个固定尺度的特征向量。不同于 SPP 层，ROI 池化到特定尺度只有一层，而不是进行多尺度池化后再对每层结果进行拼接。经过 ROI 池化层的每个候选区域特征都有固定的维度，通过 Softmax 回归进行分类。Fast R-CNN 存在的问题是 Selective Search 算法提取所有的候选区域是非常耗时的，为了解决这个问题，人们提出了 Faster R-CNN。

（4）Faster R-CNN

SPP-NET 和 Fast-CNN 都需要单独生成候选区域，该步骤的计算量非常大，并且难以用 GPU 进行加速。针对这个问题，有人在 Fast R-CNN 的基础上提出了 Faster R-CNN，不再由原始图像通过 Selective Search 算法提取候选区域，而是进行特征提取，在特征层增加区域生成网络（Region Proposal Network，RPN）以提取候选区域，每个单元按照规则选择不同尺度的 9 个锚盒，利用锚盒计算预测框的偏移量，从而进行位置回归。Faster R-CNN 结合了候选区域生成、候选区域特征提取、候选区域回归和分类的全部检测任务，训练过程中各个任务并不是单独训练的，而是互相配合、共享参数的。但是，Faster R-CNN 需要对每个锚盒进行类别判断，在目标识别速度上还有待提高。

（5）Mask R-CNN

Mask R-CNN 在 Faster R-CNN 中增加了并行的 Mask 分支，该分支是一个小的全连接卷积网络，对每个候选区域生成一个像素级别的二进制掩码，该掩码的作用是对目标区域空间布局进行二进制编码。Mask R-CNN 扩展了 Faster R-CNN，适用于像素级分割，而不仅限于边界框，可实现对物体的细粒度分割。在 Fast R-CNN 中，使用 ROI 池化产生特定大小的特征图。经过 ROI 池化后，产生的特征图映射回原图像会产生错位，像素不能精准对齐。虽然在目标检测中给出的候选区域与原图像有一些误差也不会对分类检测的结果产生很大影响，但是由于 Mask 是像素级别的分割任务，这种错位会对分割结果产生很大的影响。因此需采用 ROI Align，即使用双线性插值来解决不能准确对齐像素点的问题。Mask R-CNN 有很大的灵活性，可以进行目标检测、目标分割等任务，并且可以应用到人体姿态评估上，但其实时性还不够理想。

（6）YOLO

YOLO 不同于以 R-CNN 为代表的两步检测算法，YOLO 的网络结构更为简单，且其速度是 Faster R-CNN 的 10 倍左右，可以满足目标检测对于实时性的要求。YOLO 将待检测图像缩放到统一尺寸，并将图像分成相同大小的网格，如果一个目标的中心落在某网格单元中，那么这个网格就负责检测该目标的类别。YOLO 存在的问题是，它把图像划分成 7×7 的网格进行分析，对小目标的检测率不高，而且每个网格最多只能检测一个类别的物体，当多个类别出现在一个网格中时，其检测效果不佳。

（7）YOLO v2

YOLO v2 对 YOLO 的网络结构进行了改进，其先加入了批量归一化，且在训练过程中采用了高分辨率图像，训练 448×448 像素的高分辨率分类网络，再利用该网络训练检测网络。因为 YOLO 利用单个网格完成边框的检测和位置回归，检测效果不佳，所以研究者借鉴了 Faster R-CNN 中的锚盒（尺寸由人工选择），但锚盒尺寸和个数通过聚类分析后才被确定。然而，研究者发现该模型在早期迭代时的收敛很不稳定，因此仍然采用 YOLO 检测相对于网格坐标位置偏移量的方法。因为检测数据集样本的数量少，所以研究者提出用 WordTree 把上下文中的公共对象和 ImageNet 数据集进行联合训练得到 YOLO9000 网络的方法，已完成超过 9 000 种物体类别的检测。YOLO9000 使用 ImageNet 数据集学习从大量的类别中进行物体分类，在上下文的公共对象检测数据集上学习检测图像中的物体位置。

（8）SSD

YOLO 对小目标检测的准确率不高，SSD 是对 YOLO 进行改进的结果，它既可以保持检测准确率，又可以保证检测的速度。SSD 仍然采用 YOLO 中划分网格的方法，与 YOLO 不同的是，SSD 对不同卷积层的特征图像进行了滑动窗口扫描，每层特征图中锚盒的大小和个数都不同。前面的卷积层中锚盒尺寸相对较小，适合检测小目标；后面的卷积层中锚盒尺寸相对较大，适合检测大目标。因此，SSD 在一定程度上提升了小目标物体的检测精度。

（9）Swin-Transformer

Transformer 出身于 NLP 任务，并且具有强大表示能力的模型，具有强大的文本数据处理能力。在目标检测领域，由于图像的尺度变化非常大，并且不是标准固定的，同时相比较于文本信息，图像有更大的像素分辨率，而 Transformer 的计算复杂度是 token 数量的平方，若将每个像素值视为一个 token，其计算量非常大，不利于在多种机器视觉任务中的应用。为了解决上述问题，Swin-Transformer 提出与 CNN 相似的分层结构来处理图像，使得模型能够灵活处理不同尺度的图像，并且引入了 window self-attention 模式，大大降低了计算复杂度。Swin-Transformer 在目标检测领域展现了强大的统治力，在不少知名目标检测数据集中都获得了显著的成绩，这得益于 Transformer 对于信息的强大理解力，但其依旧庞大的参数量限制了它在边缘端部署的可能。

5.4 图像分割

图像分割是图像分析的第一步，是计算机视觉的基础，是图像理解的重要组成部分，也是图像处理中最困难的问题之一。

5.4.1 图像分割简介

图像分割指利用图像的灰度、颜色、纹理、形状等特征，把图像分成若干个互不重叠的区域，并使这些特征在同一区域内呈现相似性，在不同的区域之间存在明显的差异性。此后，可以将分割的图像中具有独特性质的区域提取出来用于不同的研究。简单地说，图像分割就是在一幅图像中，把目标从背景中分离出来。对于灰度图像来说，区域内部的像素一般具有灰度相似性，而在区域的边界上一般具有灰度不连续性。

图像分割其实可以视为把图像分成若干个无重叠的子区域的过程，即假设 R 是整个要分割的图像区域，将此区域分成 n 个区域的过程就是图像分割。其中，这些子区域需满足图像中任意一部分都要分割到某个子区域中、任意两个子区域不会重叠、子区域中的任意两个像素点能连通、所有子区域中的像素点都符合一种特点、任意相邻子区域中没有相同之处这 5 个要求。图像分割示意图如图 5-6 所示。

从 20 世纪 70 年代起，图像分割问题就吸引很多研究人员为之付出了巨大的努力。虽然到目前还不存在一种通用的完美的图像分割的方法，但是对于图像分割的一般性规律基本上已经达成了共识，已经产生了相当多的研究成果和方法。

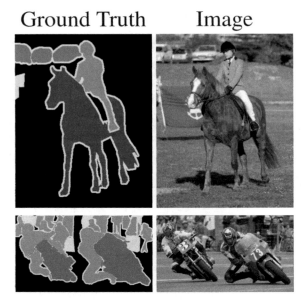

图 5-6　图像分割示意图

5.4.2　图像分割算法

目前，图像分割算法的数量已经达到上千种。随着对图像分割的更深层次研究和其他科学领域的发展，使用新理论的图像分割算法也不断出现，各种图像分割算法都有其不同的理论基础，下面将介绍 4 种常见的图像分割算法。

1. 基于阈值的图像分割算法

这类算法具有操作简单、功能稳定、计算高效等优点，其基本原理是根据图像的整体或部分信息选择阈值，依据灰度级别划分图像。如何选取合适的阈值是其中最重要的问题。由于该算法直接利用灰度值，因此计算十分简单高效。但是，当图像中的灰度值差异不明显或灰度范围重叠时，可能出现过分割或欠分割的情况，而且不关心图像的空间特征和纹理特征，只考虑图像的灰度信息，抗噪性能差，导致在边界处的效果不符合预期，得到的分割效果比较差。

2. 基于边缘检测的图像分割算法

这类算法的基本原理是通过检测边界来把图像分割成不同的部分。其按照执行顺序的差异可分为串行边缘分割法和并行边缘分割法。其重点是如何权衡检测时的抗噪性能和精度。若提高检测精度，则噪声引起的伪边缘会导致过分割；然而，若提高抗噪性能，则会使得轮廓处的结果精度不高。它的优点是运算快，边缘定位准确；其缺点是抗噪性能差。

3. 基于区域的图像分割算法

这种算法的基本原理是连通含有相似特点的像素点，最终组合成分割结果。其主要利用图像局部空间信息，能够很好地避免其他算法图像分割空间小的缺陷。其包括区域生长法以及区域分离与合并法。区域生长法会依据某种相似性标准，不停地把符合此标准的相邻像素点加入同一区域，最终得到目标区域。在分割过程中，种子点位置的选择非常重要，会直接影响分割结果的优劣。而区域分离与合并法会先将图像分割成很多一致性较强（如区域内像素灰度值相同）的小区域，再按一定的规则将小区域融合成大区域，达到分割图像的目的。

4. 基于神经网络的图像分割算法

这种算法的基本原理是以样本图像数据来训练多层感知机，得到决策函数，进而用获得的决策函数对图像像素进行分割，得到分割结果。根据具体方法所处理的数据类别的不同，可以将其分为基于图像像素数据的神经网络分割法和基于图像特征数据的神经网络分割法。因为前者使用高维度的原始图像作为训练数据，而后者利用图像特征信息，所以前者拥有更多能够使用的图像信息。前者需要对每个像素进行单独处理，由于数据量大且数据维度高，使得计算速度难以提高，用于处理实时数据时效果并不理想。总而言之，神经网络是由许多模拟生物神经的处理单元相互连接而成的结构，因为它有巨大的互连结构和分布式的处理单元，所以系统拥有很好的并行性和鲁棒性，且系统较为复杂，运算速度较慢。

5.5　目标跟踪

5.5.1　目标跟踪简介

目标跟踪是指在特定场景跟踪某一个或多个特定感兴趣目标的过程。传统的应用就是视频和真实世界的交互，在检测到初始对象之后进行观察。现在，目标跟踪在无人驾驶领域也很重要，例如 Uber 和特斯拉等公司的无人驾驶。

5.5.2　目标跟踪算法

根据观察模型，目标跟踪算法可以分为两类：生成算法和判别算法。生成算法使用生成模型来描述表观特征，并将重建误差最小化来搜索目标，如主成分分析算法（PCA）。而判别算法则用来区分物体和背景，其性能更加稳健，并逐渐成为跟踪对象的主要手段（判别算法也称为 Tracking by Detection，深度学习也属于这一范畴）。为了实现目标跟踪，需要检测所有帧的候选目标，并使用深度学习从候选对象中识别想要的目标。目前，最流行的使用 SAE 进行目标跟踪的网络是 Deep Learning Tracker （DLT），它使用了离线预训练和在线微调的方式。具体来说，首先使用大规模自然图像数据集对堆叠去噪自动编码器进行离线无监督预训练，以获得通用的目标对象表示；然后将预训练网络的编码部分与分类器合并，使用从初始帧中获得的正负样本对网络进行微调，以区分当前的对象和背景；最后，使用粒子滤波作为意向模型，生成当前帧的候选块，并选择置信度最高的块作为对象。

鉴于 CNN 在图像分类和目标检测方面的优势，它已成为计算机视觉和视觉跟踪的主流深度模型。一般来说，大规模的卷积神经网络既可以作为分类器，也可以作为跟踪器来训练。具有代表性的基于卷积神经网络的跟踪算法有全卷积网络跟踪器（FCNT）和多域卷积神经网络（MD Net）。FCNT 充分分析并利用了 VGG 模型中的特征映射，这是一种预先训练好的 ImageNet 数据集，并实现了以下效果：

（1）卷积神经网络特征映射可用于定位和跟踪；

（2）对于从背景中区分特定对象这一任务来说，很多卷积神经网络特征映射是噪声或不相关的；

（3）较高层捕获对象类别的语义概念，而较低层编码更多地具有区分性的特征，来捕获类别内的变形。

因此，FCNT 设计了特征选择网络，在 VGG 模型的两个卷积层上选择最相关的特征映射。为避免噪声的过拟合，FCNT 还为这两个卷积层的选择特征映射单独设计了两个额外的通道（即 SNet 和 CNet）；CNet 捕获目标的类别信息；SNet 将该目标从具有相似外观的背景中区分出来。

这两个网络的运作流程如下：都使用第一帧中给定的边界框进行初始化，以获取目标的映射。而对于新的帧，对其进行剪切并传输最后一帧中的感兴趣区域，该感兴趣区域是以目标为中心的。最后，通过 SNet 和 CNet，分类器得到两个预测热映射，而跟踪器根据是否存在干扰信息，来决定使用哪张热映射生成的跟踪结果。FCNT 网络结构如图 5-7 所示。

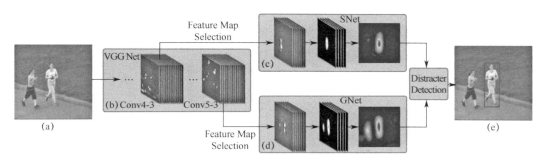

图 5-7　FCNT 网络结构

与 FCNT 的思路不同，MD Net 使用视频的所有序列来跟踪对象的移动。MD Net 使用不相关的图像数据来减少跟踪数据的训练需求，这种想法与跟踪目标有一些偏差。因此，MD Net 提出了"多域"这一概念，它能够在每个域中独立地区分对象和背景，而一个域表示一组包含相同类型目标的视频。

如图 5-7 所示，MD Net 可分为两个部分，即 K 个特定目标分支层和共享层；每个分支包含一个具有 Softmax 损失的二进制分类层，用于区分每个域中的目标和背景；共享层与所有域共享，以保证通用表示，MD Net 网络结构如图 5-8 所示。

近年来，深度学习的研究人员尝试使用了不同的方法来适应目标跟踪任务。

（1）应用到诸如循环神经网络（RNN）和深度信念网络（DBN）等其他网络模型。

（2）设计网络结构来适应视频处理和端到端学习，优化流程、结构和参数。

（3）将深度学习与传统的计算机视觉或其他领域的方法（如语言处理和语音识别）相结合。

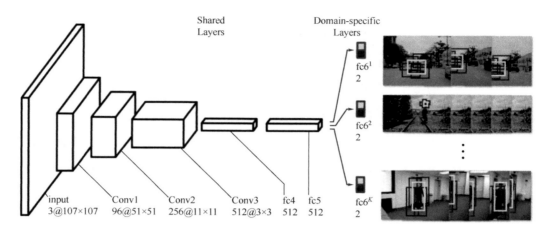

图 5-8　MD Net 网络结构

本 章 习 题

1. 请简述计算机视觉技术的基本原理。

2. 什么是目标检测？其与图像分类有何异同？

3. 简述目标检测中经典的一阶段算法和二阶段算法有何不同？

4. 基于边缘检测的图像分割算法和基于区域的图像分割算法有何异同点？

5. 简述目标跟踪的技术原理。

6. 你认为目标检测还有哪些具体的应用？请举例说明。

边缘轻量化

本章旨在向读者介绍人工神经网络以及深度神经网络的轻量化。深度学习虽然在多个领域取得了非常优异的成果，然而随着移动设备等边缘端设备的广泛应用，资源量耗费巨大的深度学习模型无法轻松地在计算能力弱的边缘端部署。边缘轻量化旨在保持模型精度的基础上进一步减少模型参数量和降低复杂度，从而使得深度学习算法模型能够在边缘端运行。

本章第一节简介了边缘轻量化的概念，以及进行边缘轻量化的原因。第二节介绍了轻量化的基本类别和步骤，第三节详细介绍了知识蒸馏、深度压缩及 MNASNet 的具体实现过程。

本章学习目标

（1）了解常见的神经网络边缘端轻量化方法；

（2）熟悉经典轻量化模块的基本原理和实现过程；

（3）熟悉知识蒸馏基本原理和实现过程。

6.1 边缘轻量化简介

6.1.1 边缘轻量化的由来

近年来，深度神经网络（Deep Neural Networks，DNN）逐渐受到各行各业的关注。DNN 是指具有更深层的神经网络，是深度学习的基础。很多实际的工作通常依赖于数百万甚至数十亿个参数的深度网络，在 AlexNet 以显著的优势赢得 2012 年图像视觉识别挑战赛之后，深度学习的研究浪潮席卷而来，后来，VGG、GoogleNet、ResNet、DenseNet 等神经网络相继出现，它们在 ImageNet 数据集的分类任务上取得了很高的准确率，ResNet 方法的准确率达到了 75% 以上。虽然这些方法的精度和准确率有所提高，但由于研究人员长期追求提高模型性能，以及不断探索使用更深、更复杂的神经网络模型，使得模型的计算变得越来越复杂，内存要求和计算开销逐渐增加，这将不可避免地导致深度学习模型训练变得非常困难，但目前很多实际应用场景并不具备大内存存储和强大的计算能力。从实用的角度来看，DNN 仍然难以部署在这些存储和功耗相对较低的小型设备上。

如何将这些复杂的计算系统部署到资源有限的设备上就成为了需要应对的全新挑战。这些设备通常内存有限，而且计算能力较低，不支持大模型的在线计算。因此需要对模型进行压缩和加速，以求在基本不损失模型精度的条件下，节约参数并降低其计算时间。

6.1.2　什么是边缘轻量化？

轻量级网络的目的是在保持良好精度的同时减少模型参数的数量和复杂性，是计算机视觉的研究热点。轻量级网络不仅包括对 DNN 结构的研究，还包括知识蒸馏、剪枝等模型压缩技术的应用，推动了深度学习技术在移动端和嵌入式终端的实际运用，在智能家电、自动驾驶、视频监控、智能安防等领域做出了重要贡献。边缘端轻量化应用场景如图 6-1 所示。

图 6-1　边缘端轻量化应用场景

边缘轻量化是在不损失模型精度的条件下，节约模型参数并降低其计算时间以便于其部署在边缘设备上。模型压缩是边缘轻量化的重要方法。目前，在模型压缩和加速方面常用的方法大致可以分为四类：蒸馏学习、剪枝、量化、低秩因子分解。剪枝与量化主要针对模型中的冗余参数进行删减；低秩因子分解使用张量分解的方法来估计神经网络的参数；蒸馏学习是先训练一个较大的模型，再训练一个较小的神经网络以达到与大模型同样的效果。其中，低秩因子分解提供了端到端的管道，可以在 CPU/GPU 环境中轻松实现；而剪枝与量化使用二进制及稀疏约束等方法来实现目标。这四种方法大多是独立设计的，但又相互补充，在实际应用中常常可以一起使用，实现对模型进一步的压缩或加速。接下来将对模型轻量化方法进行介绍，最后将详细介绍模型轻量化的三个详细案例。

6.2　模型压缩方法

6.2.1　量化和二值化

在 DNN 中，权重通常是以 32 位浮点数的形式（即 32-bit）进行存储的，量化法则通过减少表示每个权重需要的比特数来压缩原始网络。此时权重可以量化为 16-bit、8-bit、4-bit 甚至是 1-bit（这是量化的一种特殊情况，权重仅用二进制表示，称为权重二值化）。8-bit 的参数量化已经可以在损失小部分准确率的同时实现大幅度加速。基于修剪、量化和编码三个过程的压缩法步骤为：首先修剪小权重的连接，然后使用权重共享来量化权重，最后将哈夫曼编码应用于量化后的权重和码本上。

此方法的缺点是，现有的二值化方法大多基于简单的矩阵近似，忽略了二值化对精度损失产生的影响。

6.2.2　网络剪枝

剪枝是指通过修剪影响较小的连接来显著减少 DNN 模型的存储和计算成本，目前比较主流的剪枝方法主要有以下几种。

权重剪枝：此方法主要应用于对不重要的连接权重进行修剪。如果连接权重低于预先设定的某个阈值，则该连接权重将会被修剪。

神经元剪枝：此方法与逐个修剪权重的方法不同，它直接移除某个冗余的神经元。这样一来，该神经元的所有传入和传出连接也将被移除。

卷积核剪枝：此方法依据卷积核的重要程度将其进行排序，并从网络中修剪最不重要的卷积核。卷积核的重要程度可以通过范数或一些其他方法计算。

层剪枝：此方法主要应用于一些非常深度的网络，可以直接修剪其中的某些层，按照剪枝的对象分类，可以分为在全连接层上剪枝和在卷积层上剪枝两种。DNN 中的全连接层是存储密集的，对全连接层中的参数进行剪枝能够显著降低存储成本。对于卷积层而言，每个卷积层中有许多卷积核，从卷积层修剪不重要的卷积核也能够减少计算成本并加速模型。

受到早期剪枝方法和神经网络过度参数化问题的启发，Han 提出了三步法来进行剪枝。其思想是，首先修剪激活小于某个预定义阈值的所有连接权重（不重要的连接），随后再识别那些重要的连接权重。最后，为了补偿由于修剪连接权重而导致的精度损失，再次微调或重新训练剪枝模型。这样的剪枝和再训练过程将重复数次，以减小模型的大小，将密集网络转换为稀疏网络。这种方法能够对全连接层和卷积层进行修剪，而且卷积层比全连接层对修剪更加敏感。

从卷积层修剪一些不重要的卷积核能够直接减少计算成本并且加速模型。但是，使用网络剪枝方法同样存在一些问题。相比常规方法，使用正则化进行剪枝需要更多的迭代次数完成收敛。此外，所有的剪枝都需要人工设置模型的灵敏度，这需要对参数进行微调，在某些应用中可能会十分复杂。最后，网络剪枝虽然通常能够使大模型变小，但是却不能够提高训练的效率。

6.2.3　低秩因子分解

卷积神经网络的卷积核可以表示为一个四维张量：卷积核数 n、通道数 c、宽度 w 和高度 h。由于通道数 c 和卷积核数 n 与整体网络的结构关系十分紧密，因此更多基于卷积核的宽度 w 和高度 h 维度进行轻量化，主要基于 $(w \times h)$ 矩阵低秩特性及其信息冗余的特性，使用低秩因子分解进行结构压缩。低秩因子分解的目的是获得稀疏卷积核矩阵，主要通过合并维度和添加低秩约束实现。因为绝大部分权重向量分布在低秩子空间中，所以可以使用少量基向量来重新构建卷积核矩阵，以达到减少存储空间的目的。低秩因子分解对大型卷积核和中小型网络具有良好的压缩和加速效果。过去的研究相对成熟，但近两年没有之前那么流行了。原因是：低秩因子分解的矩阵分解运算成本高，逐层分解不利于全局网络参数压缩，需要大量的再训练才能实现收敛，此外，近两年 1×1 卷积被越来越多的新网络使用。使用低秩因子分解不善于处理小卷积内核，难以实现网络压缩和加速。基于低秩近似的方法虽然是模型压缩和加速的前沿，然而具体实现却并非易事。因为这涉及分解操作，需要付出高昂的计算成本。此外，当前的方法仍集中于逐层执行低秩近似，因此无法执行全局的参数压缩。但全局的参数压缩十分重要，因为不同的层包含不同的信息。最后，与原始的模型相比，因子分解需要对大量的模型进行再训练以实现收敛。

6.2.4　参数共享

参数共享是指使用结构化矩阵或聚类方法映射网络参数，减小网络参数量。参数共享的原理和参数剪枝相似，都是基于参数存在大量冗余的特点，通过去除冗余减少参数数量。但与参数剪枝直接裁剪重要性小的参数不同，参数共享设计了一种映射形式，将全部参数映射到少量数据上，以此来减少对存储空间的需求。由于全连接层参数数量较多，参数存储占据整个网络模型的大部分，所以参数共享能够有效地去除全连接层冗余性来减小参数量。由于其参数共享易于操作，很适合与其他方法一起使用。但其缺点在于不方便进行泛化，如何有效地去除卷积层的冗余性仍是一个难题。同时，对于结构化矩阵这一典型的映射方式，为权重矩阵找到恰当的结构化矩阵很困难，其理论基础也不充分。

6.2.5　蒸馏学习

蒸馏学习（Knowledge Distillation，KD）指通过建立一个参数量少、计算量小的小模型，利用性能更好的大模型的训练信息，来训练这个小模型，目的是在小模型上达到更好的性能和精度。蒸馏学习与迁移学习不同，在迁移学习中，我们使用相同的模型体系结构和学习的权重，仅根据应用的要求使用新层来替换部分全连接层。而在蒸馏学习中，通过在大数据集上训练的更大的复杂网络（也称为教师模型）学习到的知识可以迁移到一个更小、更轻的网络上（也称为学生模型）。前一个大模型可以是单个的大模型，也可以是独立训练模型的集合。蒸馏学习的核心思想是利用 Softmax 函数学习课堂分布输出，将知识从大型、复杂的教师模型转化为一个简易、更小的学生模型。从教师模型训练学生模型的主要目的是学习教师模型的泛化能力。

在现有的蒸馏学习中，学生模型的学习依赖于教师模型，是一个两阶段的过程。Lan 提出了实时本地集成（On-the-fly Native Ensemble，ONE），这是一种高效的单阶段在线蒸馏学习方法。在训练期间，ONE 添加辅助分支以创建目标网络的多分支变体，然后从所有分支中创建本地集成教师模型。对于相同的目标标签约束，可以同时学习每个分支。每个分支使用两个损失项进行训练，其中最常用的就是最大交叉熵损失和蒸馏损失。

在网络压缩这一步，可以使用 DNN 来解决这个问题。Romero 提出了一种训练薄而深的网络的方法，称为 FitNets，用以压缩宽且相对较浅（但实际上仍然很深）的网络。该方法扩展了原来的思想，允许得到更薄、更深的学生模型。为了学习教师模型的中间表示，FitNets 让学生模仿老师的完全特征图。然而，这样的假设太过于严格，因为教师和学生的能力可能会有很大的差别。

蒸馏学习可以使模型的深度变浅，并且能够显著降低计算成本。然而，这个方法也存在一些弊端。其中之一是蒸馏学习只能应用于具有 Softmax 损失函数的任务中。再者就是，与其他类型的方法相比，蒸馏学习往往具有较差的竞争性能。

6.2.6　加速网络结构设计

加速网络结构设计是深度学习模型压缩的一个重要部分，用于解决卷积神经网络日益增长的深度和尺寸给深度学习在移动端的难部署的问题，接下来介绍常见的深度学习卷积网络结构设计。

1. 分组卷积

分组卷积是将输入的特征图像划分为不同的组（沿 channel 维度进行分组），接着对不同的组分别进行卷积操作，即每一个卷积核只与输入的特征图像的当中一组进行连接，而常规的卷积操作是与所有的特征图像进行连接计算的。进行分组数 k 越多，卷积操作的总参数量和总计算量就越少（减少 k 倍）。然而分组卷积有一个严重的缺点就是不同分组的通道间减低了信息流通，即输出的特征图像只考虑了输入特征的部分信息，因此在实际应用的时候会在分组卷积后面采取信息融合步骤。

2．分解卷积

分解卷积，即将普通的 $k \times k$ 卷积分解为 $1 \times k$ 和 $k \times 1$ 卷积，通过这种方式可以在感受野相同时大大减少计算量，同时也减少了参数量，在某种程度上可以视为使用 k^2 个参数模拟 $2k$ 个参数的卷积效果，从而造成网络的容量减小，但是可以在较少损失精度的前提下，达到网络加速的效果。

图 6-2 是在图像语义分割任务上取得非常好的效果的 ERFNet 的主要模块，称为 NonBottleNeck 结构，它借鉴了 ResNet 中的 Non-Bottleneck 结构，相应改进为使用分解卷积替换标准卷积，这样可以减少一定的参数和计算量，使网络更趋近于高效。

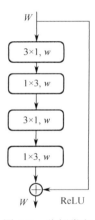

图 6-2　分解卷积

3．Bottleneck 结构

图 6-3 为 ENet 中的 Bottleneck 结构，它借鉴了 ResNet 中的 Bottleneck 结构，主要是通过 1×1 卷积进行降维和升维，能在一定程度上减少计算量和参数量。其中 1×1 卷积操作的参数量和计算量少，使用其进行网络的降维和升维操作（减少或者增加通道数）的开销比较小，从而能够达到网络加速的目的。

4．神经网络搜索

神经结构搜索（Neural Architecture Search，NAS）可以根据给定的任务自动设计出高性能的神经网络结构，在某些任务上甚至可以媲美人类专家的水准，甚至发现某些人类之前未曾提出的网络结构，这可以有效地降低神经网络的使用和实现成本。

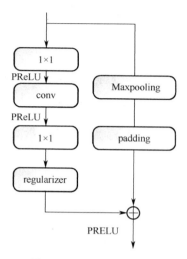

图 6-3　Bottleneck 结构

NAS 一般由三部分组成：搜索空间、搜索策略、模型评估策略。搜索空间可以视为很多网络模型的集合，算法通过搜索策略在搜索空间中采样得到一个潜在的网络模型并将其在训练集上进行训练，之后模型评估策略对训练好的模型在验证集上的表现进行评估，并将评估结果（一般为在验证集上的准确率或损失值）反馈给搜索策略，以对搜索策略进行更新。反复迭代此过程可以得到一个收敛的搜索策略，最后利用这个搜索策略在搜索空间中采样可以得到一个与数据集相适配的网络模型。

5．面临的问题

当前的大多数先进方法建立在精心设计的 CNN 模型之上，这些模型限制了更改配置的自由度（如网络架构、超参数等）。为了处理更复杂的任务，未来应该提供更加合理的方法来配置压缩模型。各种低功耗平台（如手机、FPGA、机器人等）的硬件资源限制仍然是阻碍 CNN 部署的主要问题。如何充分利用有限的计算资源以及如何为它们设计特殊的网络压缩方法是亟待解决的问题。剪枝是一种有效的压缩和加速 CNN 的方法。目前大多数修剪技术都是为了修剪神经元之间的连接。通道剪枝可以直接减小特征映射的宽度以及压缩模型，这种方法虽然很有效，但是修剪通道可能会显著地改变下一层的输入，因此也存在挑战性。蒸馏学习具有很多的优点，例如对于硬件没有特殊的要求。开发基于蒸馏学习的更多方法并且探索如何提高其性能是未来主要的发展方向。尽管这些压缩方法取得了巨大的成就，但是黑箱机制仍然是其应用的关键障碍。例如，某些神经元或连接被修剪的原因尚不清楚。探索这些方法的解释能力仍然是一个重大挑战。

6.3　模型压缩举例

6.3.1　知识蒸馏

知识蒸馏是模型压缩的一种常用的方法，不同于模型压缩中的剪枝和量化，知识蒸馏是通过构建一个轻量化的小模型，并且利用性能更好的大模型的监督信息来训练这个小模型，以期达到更好的性能和精度，最早由 Hinton 在 2015 年提出并应用在图像分类任务上面，这个大模型我们称为教师模型，小模型我们称为学生模型。来自教师模型输出的监督信息称为知识（Knowledge），而学生学习迁移来自教师的监督信息的过程称为蒸馏（Distillation）。由于其简单、有效，目前在工业界被广泛应用。

自然界中许多昆虫的幼虫形态是为了从环境中提取能量和营养而形成的，而其成虫形态则是为了满足不同的旅行和繁殖需求而形成的。在大规模机器学习中，我们通常在训练阶段和部署阶段使用非常相似的模型。然而，实际部署到大量移动端上时，对计算资源的要求要严格得多。通过与昆虫的类比，如果能够更容易地从数据中提取结构，即便训练非常笨重的模型也是可以接受的。笨重的模型可以是单独训练的模型的集合，也可以是使用非常强的正则化器（如 dropout）训练的单个非常大的模型。一旦该模型经过训练，我们就可以使用另一种后处理方式，将知识从笨重的模型转移到更适合部署到移动端的小模型。

原模型通过 Softmax 将 logits（称为软标签）转化为每一类的预测概率值，除了真实类别的概率值，总会有一些类别概率值比其他类别的概率值大得多。例如在识别 BMW 汽车时，尽管预测结果为垃圾车的概率很小，但总比预测结果为胡萝卜的概率大得多，而这个信息对于图像识别是很有用的。

知识蒸馏中的"知识"指的是从输入到输出之间的映射关系。实现这种知识从原网络迁移到小网络的一种直观方法是用原网络所输出的 logits 来训练小网络，使得小网络在预测结果上尽可能地接近原网络。

但是通常情况下软标签中除了真实类别所对应的概率很大，其他的都很小，无法有效利用。为解决这个问题，引入蒸馏公式：

$$q_i = \frac{\exp(z_i / T)}{\sum_j \exp(z_j / T)} \tag{6-1}$$

即在对 logits 进行 Softmax 之前首先将每个 logit 都除以温度 T。T 控制了 Softmax 的平滑度，T 越大，则输出概率的分布越平滑。设置合适的 T 可以使输出概率的分布比较平滑。图 6-4 分别为 $T=1$ 和 $T=10$ 的情况，可见随着 T 的增大，输出概率的分布逐渐平滑。

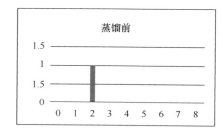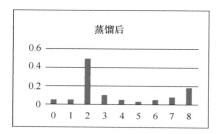

图 6-4　蒸馏结果

而最终的损失函数由两部分组成，即小网络的输出与真实标签的交叉熵与小网络的输出与原网络的软标签的交叉熵的叠加。即

$$\text{Loss} = \alpha\text{CE}(y, p) + (1 - \alpha)\text{CE}(y, q) \tag{6-2}$$

其中，α 用来控制两个交叉熵损失的影响。

在 MNIST 数据集上的实验结果如下。原网络的识别错误数量为 67，知识迁移之前小网络的错误数量为 146，知识迁移之后小网络的错误数量为 74，说明原网络的知识的确迁移到了小网络上。另外，如果在小网络训练时把某一类别（数字 3）移除，尽管如此，知识迁移之后小网络的错误数量为 206（其中 133 张都是数字 3 识别错误）。增大类别 3 的偏差到 3.5，可以使小网络预测的错误数量降为 109（其中 14 张是数字 3 识别错误）。这说明经过合理的偏差调整，即便小网络训练时从未见过某个类别，在预测时也能以相当高的准确率预测出来。

自 2015 年 Hinton 首次提出知识蒸馏概念以来，知识蒸馏已经成为了模型压缩领域的研究热点，目前的知识蒸馏方法主要分为以下几种。

（1）离线蒸馏

离线蒸馏就是传统的知识蒸馏。使用者需要事先在已知的数据集上训练一个教师模型，然后利用得到的教师模型对学生模型进行监督训练。而且，教师模型的训练准确率高于学生模型，这两者的差异越大，蒸馏效果越明显。一般来说，在蒸馏训练过程中，教师模型的参数保持不变，以达到训练学生模型的目的。蒸馏损失函数计算教师模型和学生模型的预测输出值之差，并将学生模型的任务损失相加作为整个训练损失来更新梯度，最终得到一个性能更高、精度更高的学生模型。

（2）半监督蒸馏

半监督蒸馏利用教师模型的预测信息作为标签，来监督学生模型的学习。与传统的离线蒸馏方法不同，在训练学生模型之前，部分输入数据是未标注的，并使用教师模型的输出标签作为监督信息，然后输入学生模型完成蒸馏过程，这样就可以通过使用更少的标注数据集来提高学生模型的准确率。

（3）自监督蒸馏

与传统的离线蒸馏相比，自监督蒸馏不需要事先训练一个教师模型，其学生模型的训练本身就完成了一个蒸馏过程。有很多方法可以做到这一点，例如，首先训练学生模型，在整个训练过程的最后阶段，使用之前训练过的学生模型作为教师模型来对其进行蒸馏。这样做的好处是可以在蒸馏过程中训练，而无须提前训练教师模型，节省了蒸馏过程的模型训练时间。

6.3.2　深度压缩

深度压缩将剪枝、量化和哈弗曼编码（Huffman Coding）结合起来进行网络压缩和加速（如图 6-5 所示），实验结果表明可使 AlexNet、VGG 等结构大小压缩 35～49 倍，并且在计算效率上提升 3～7 倍。

首先是剪枝过程，剪枝方式就是把权重绝对值小于某一阈值的直接置零然后进行微调训练。最终剪枝后的参数结果会是一个稀疏矩阵（假设为 $m \times n$，且其中非零值为 a 个），于是就可以用 CSR（Compressed Sparse Row）方法来存储参数。

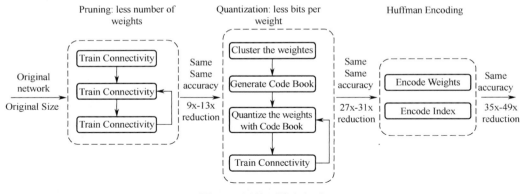

图 6-5　网络压缩和加速

CSR 由三个部分组成，第一部分存放稀疏矩阵中的所有非零值（共 a 个）；第二部分存放矩阵中每一行第一个不为零的参数在第一部分中的索引以及非零参数的总个数（共 $a+1$ 个）；第三部分存放矩阵中每个不为零参数的列号（共 n 个）。这样就把存储空间减少到 $2a+n+1$ 个。

如果存储的是相邻非零参数的相对位置而不是绝对位置，存储空间还可以进一步被压缩。例如使用 3 个 bit 来存储相对位置，可以存储相差不超过 8 的位置，若相差超过 8 的位置，则在相差为 8 的那一位上填入 0，然后再计算剩下的偏移量，最终可以根据 0 的个数以及偏移量来确定参数的位置。

在量化过程中，假设有一个 4×4 的参数矩阵，其参数值和梯度值如图 6-6 所示。

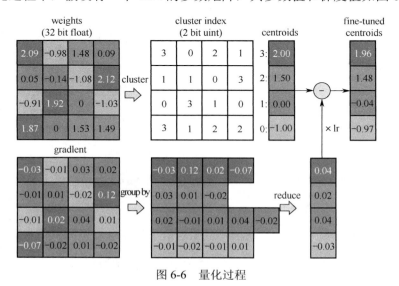

图 6-6　量化过程

这里采用了 K-means 算法，设置了 4 个质心，从而实现参数共享，以进一步减少参数量。在微调反向传播时，只对质心进行更新，更新的步长大小为学习率乘以该质心内所有参数梯度的和。

质心的初始化对于压缩后的表现也有很大影响。深度压缩主要采用三种初始化方法，如图 6-7 所示。

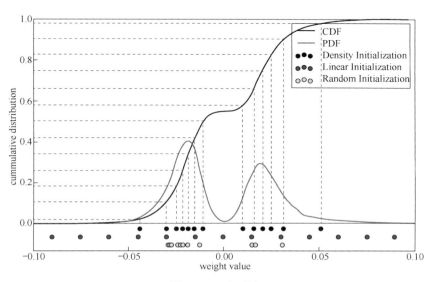

图 6-7　深度压缩

（1）随机初始化（Random Initialization）

即在所有参数中随机选取 k 个为质点，这样会使得所选的质点偏向于参数分布的峰值左右，而这些参数的绝对值一般是比较小的，不利于表现效果。

（2）密度初始化（Density Initialization）

如图 6-7 所示，将 y 轴均分 k 份，然后找出它们在蓝色曲线上对应的横坐标作为质心。这种方法同样会使所选的质点偏向于参数分布的峰值左右，但比随机初始化好一些。

（3）线性初始化（Linear Initialization）

无论参数的分布如何，直接在参数的可取范围内线性取 k 个质心。实验表明，这种初始化的效果是最好的。

最后是哈弗曼编码阶段。哈弗曼编码使用参数在某一范围内的出现的频率来编码。因此，只要参数不是均匀分布的，都可以通过哈弗曼编码进行压缩。

为进一步展示各部分的压缩效果，下面是一些实验结果。首先分别在卷积层、全连接层和全部层上进行是否有剪枝的网络压缩实验，结果如图 6-8 所示。

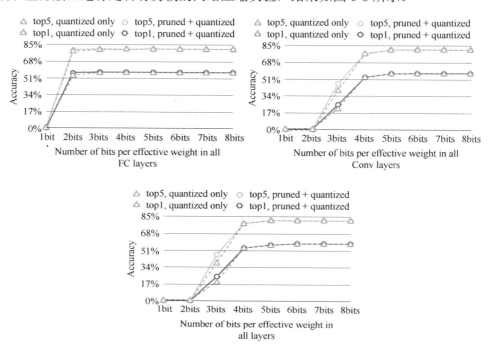

图 6-8　卷积层、全连接层和全部层的网络压缩实验

从图中可以看出，是否剪枝对于网络准确率并没有明显的影响，尽管剪枝会使得参数量减少，但这对网络的最终表现影响不大。也就是说，剪枝和量化之间能够很好地共同进行网络压缩。

接下来测试了 3 种质心初始化方式的结果，实验结果如图 6-9 所示。

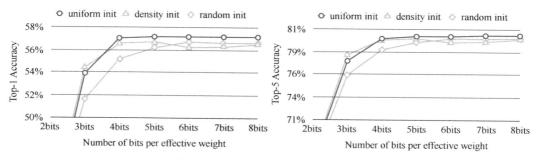

图 6-9　3 种质心初始化方式的结果

可以看出，3 种质心初始化的表现正如前面所推测的那样，线性初始化是最好的。

6.3.3 MNASNet

设计用于移动设备的卷积神经网络是一个非常具有挑战性的任务，因为移动端模型往往需要满足小巧、快速、准确的特点。当有多种架构可能性需要考虑时，我们很难手动进行权衡。因此，Google 大脑的研究者提出了一种自动化移动端神经架构搜索（MNAS）方法，即 MNASNet，它将模型时延纳入主要目标，以便搜索能够识别出一个在准确性和时延之间实现良好权衡的模型。由于软硬件特性的不同，使用 FLOPS 来近似时延是不可靠的，因此 MNASNet 将 CNN 模型放在真实的移动端设备（Pixel 1）上运行来测量时延。其次，对通过叠加 cell 的搜索方法进行改进，提出了分解层次搜索（Factorized Hierarchical Search），最后将时延和准确率两个指标结合到一个多目标优化问题中。

在构造目标函数时，使用加权乘方构造目标函数如下：

$$\underset{m}{\text{maximize}} \quad \text{ACC(m)} \times \left[\frac{\text{LAT}(m)}{T}\right]^w \tag{6-3}$$

$$w = \begin{cases} \alpha, \text{LAT}(m) \leqslant T \\ \beta, \text{otherwise} \end{cases} \tag{6-4}$$

根据帕累托最优解在不同的准确率和时延的折中下会有相同的反馈这一条件，算出 $\alpha = \beta = -0.07$。

在网络结构搜索中，有人提出了分解层次搜索空间法，即将一个 CNN 模型分解为不同的块然后针对每个块搜索操作和块与块之间的连接（如图 6-10 所示），其中每个块中的各层都是相同的参数，最后使用强化学习进行网络结构搜索。

这种做法的优点是：如果将模型分为 B 块，每一块的搜索空间大小为 S，且每块包含 N 层，则总的搜索空间为 S^B，而不是 S^{NB}，大大减少了运算量。

在实验中，MNASNet 直接在 ImageNet 上搜索结构，但是只进行 5 个 epochs 的训练。在训练期间，通过在移动手机上运行模型来衡量真实时延。最终，控制器在结构搜索期间共采样了 8000 个模型，但是只有 15 个表现最好的模型被迁移到 ImageNet 上，1 个模型被迁移到 COCO。

实验结果表明，通过设置 α 和 β 可以来平衡准确率和时延之间的加权关系。例如，当 $\alpha = 0$、$\beta = -1$ 时，时延可以被视为硬约束，所以控制器偏向于得到更快的模型来避免时延惩罚；而当 $\alpha = \beta = -0.07$ 时，控制器将时延视为软约束，可以在一个较宽的时延范围采样更多的模型，它在 75ms 时延周围采样许多模型，同时它也探索了很多小于 40ms 和大于 110ms 的模型。

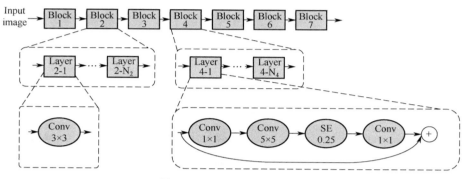

图 6-10　网络结构搜索结构

MNASNet 的网络搜索结果如图 6-11 所示，可以看出发现该结构使用了 3×3 和 5×5 的卷积核，这与以前的结构广泛使用 3×3 卷积核有所不同，这也印证了开头的观点，即通过叠加 cell 的方式搜索会影响层的多样性。

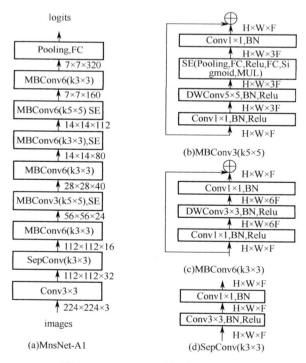

图 6-11　MNASNet 的网络搜索结果

本 章 习 题

1. 简述边缘端对于轻量化的需求。

2. 简述模型压缩常用的方法。

3. 简述对神经网络进行剪枝的步骤。

4. 简述轻量化网络设计中的经典模块。

5. 简述深度可分离卷积的过程，其参数量、计算量分别减少了多少？

6. 简述不同类型的模型蒸馏方法之间的差异。

7. 知识蒸馏中的温度系数有什么作用？过大或过小有什么影响？

8. 如果让模型速度提高一倍，有什么解决方案？

第 7 章

云端决策

本章导读

本章旨在向读者介绍云端决策及云端决策的具体应用。云端决策与边云智能是相辅相成、相互促进的关系。云端决策和边云智能的广泛应用是我们的愿景，这样我们能够无时无刻地感知世界、服务世界。云端决策是产业发展趋势，是现代信息社会飞速发展的必然现象。解决边云智能的决策问题，需要以现代云端决策技术为基础支撑；边云智能系统及网络结构、资源调度管理、数据存储、计算框架等领域都依托于云端决策。在边云智能领域，云端决策为边云智能提供了坚实的基础设施支撑及保障；在自然语言处理等商业应用领域，云端决策促进知识的理解与推理，让人工智能听懂弦外之音，懂得沟通策略，真正赋能于企业。

本章第一节介绍了云端决策的概念与重要性，以及云端决策自身的特点。第二节介绍了云端决策在大数据挖掘领域的具体应用，第三节详细介绍云端决策领域中各种经典推荐算法的实现过程。

本章学习目标

（1）了解云端决策内容；

（2）熟悉经典云端决策在大数据挖掘领域应用算法的基本原理和实现过程；

（3）熟悉推荐系统基本原理和实现过程。

7.1　云端决策简介

7.1.1　云端决策的重要性

云端决策和边云智能的关系更像是血液与神经系统。假如我们将云端决策比喻为动力单元，把边云智能比喻为头脑单元，只有当"动力"与"头脑"充分融合与协调，才会让决策智能的出现成为可能。而决策智能最大的价值是可以充分调用数据，并利用机器学习的能力，寻找出潜在的模式、隐匿的风险，帮助各个行业快速而精准地解决商业问题。

传统的基于人工经验、直觉及少量数据分析的决策方式已经远不能满足日益个性化、多样化、复杂化的决策需求。在当前信息开放与交互的经营环境下，机遇与挑战并存。云端决策有望为边云智能系统提供全面的、精准的、实时的商业洞察和决策指导。

从静态决策到动态决策、从单人决策到群体决策、从基于小规模数据分析的决策到基于大数据知识发现的决策，决策理论与方法已经发生了巨大的变化，云端决策逐渐成为新时代决策应用及研究的新生力量。云端决策就是用智能计算方法对大数据进行智能化分析与处理，从中抽取结构化的知识，进而对问题进行求解或对未来做出最优判断的过程。

智能决策是推动发展智能经济、智能服务、智能制造的关键手段，在边云智能中发挥着关键作用。现阶段，智能决策理论方法在大数据驱动的模式下快速发展，并逐渐形成一系列围绕多源异构大数据智能化处理的新方法和新趋势。

7.1.2　云端决策的特点

决策是为了实现特定的目标，根据客观的可能性，在占有一定信息和经验的基础上，借助一定的工具、技巧和方法，对影响目标实现的诸因素进行分析、计算和判断选优后，对未来行动做出决定。从本质上来讲，决策通常是目标驱动的行为，是目标导向下的问题求解过程，该过程也广泛地被认为是人类的认知过程。云端决策便是以大数据为主要驱动的决策方式。云端决策具有以下特点。

（1）云端决策的动态特性

在基于云的决策中，云数据是对事物客观表象和演变规律的抽象表述，由于事物的动态性和互补性，它不断反映事物的状态。决策过程中的每个行为都会影响事物的发展方式，并反映在大数据中。因此，对决策问题的描述和解决策略必须适应动态数据。使用基于云的增量学习技术可以动态发展和有效积累用于决策的知识。解决方案的过程应该是一个迭代的过程，结合描述、预测和管理，形成一个全面的、闭环的动态架构。简而言之，云计算环境下的决策模型是一个具有实时反馈的闭环模型，决策模型从静态或多阶段模型转变为包括决策问题动态描述的高级解决模型。

（2）云端决策的全局特性

截至目前，人们已经开发出多种多样的决策支持系统，但多数是面向具体领域中的单一生产环节或特定目标下的局部决策问题，往往无法较好地实现全局决策优化与多目标任务协同。在信息开放与交互的大数据时代，大数据的跨视角、跨媒介、跨行业等多源特性创造了信息的交叉、互补与综合运用的条件，这促使了人们进一步提升问题求解的关联意识和全局意识。在大数据环境下，云端决策会更加注重数据的全方位性，以及生产流程的系统性、业务各环节的交互性、多目标问题的协同性。多源异构信息的融合分析可以实现不同信源信息对全局决策问题求解的有效协同。基于大数据的云端决策系统对每个单一问题的决策，都将以优先考虑整体决策的优化为前提，进而为决策者提供企业级、全局性的决策支持。

（3）云端决策从因果分析向相关分析转变

在过往的云端数据分析中，人们往往假设数据的精确性，并通过反复试验的手段探索事物之间的因果关系。但在大数据环境下，数据的精确性难以保证，数据总体对价值获取的完备性异常重要，此时用于发现因果关系的反复尝试方法变得异常困难。从统计学角度看，变量之间的关系大体可以分为两种类型：函数关系和相关关系，一般情况下，数据很难严格地满足函数关系，而相关关系的要求较为宽松，在云端大数据环境下更加容易被接受，并能满足人类的众多决策需求。该方面的成功案例有 Google 的流感预测、啤酒与尿布关联规则的挖掘等。在云端决策应用中，相关性分析技术可为正确数据的选择提供必要的判定与依据，同时将其与其他智能分析方法相结合，可有效避免对数据独立同分布的假设，提高数据分析的合理性和认可度。

与边缘决策相比，云端决策中多元主体参与决策有了更多的便捷性和可能性，决策过程中价值多元的作用更加明显，由此传统自上而下的精英决策模型将会改变，并逐渐形成面向公众与满足用户个性化需求的决策模式。随着大数据技术的发展，大数据逐渐成为人们获取对事物和问题更深层次认知的决策资源，特别是人工智能技术与大数据的深度融合，为复杂决策的建模和分析提供了强有力的工具，这是云端决策对比边缘决策所具有的难以比拟的优势。随着大数据应用越来越多地服务于人们的日常生活，云端决策方式将形成其固有的特性和潜在的趋势。

7.2 云端决策——大数据挖掘

云端决策为大数据应用提供了基础架构平台，大数据应用可以按需、安全、高效地在这个平台上运行，正因为有了云端决策系统的超强计算能力，大数据才显示出它自身的价值。云端决策以一种新颖的、高效的、成本低廉的技术来支撑对数据的挖掘工作，让数据挖掘的思路更加清晰。分类与预测是大数据挖掘算法中有监督学习任务的代表。一般认为：广义的预测任务中，要求估计连续型预测值时，是"回归"任务；要求判断因变量属于哪个类别时，是"分类"任务。

7.2.1 回归分析

回归（Regression）分析包括线性回归（Linear Regression），在这里是多元线性回归和统计回归（Logistic Regression）。统计回归更常用于数据驱动的操作中，涉及响应预测、分类等内容。

多元线性回归主要描述一个因变量如何随着一批自变量的变化而变化，其回归方程（回归矩阵）就是表示因变量和自变量之间关系的数据。因变量的变化包括两部分：系统性变化与随机变化，其中，系统性变化是由自变量引起的（可以由自变量解释），随机变化是不能由自变量解释的，通常也称为残值。

自变量系数的方法被用于估计多元线性回归方程，最常用的是最小二乘法，即找到与自变量相对应的参数集，以减少因变量的实际观测值与回归方程预测值之间的总方差。

分析方法在数据驱动运营中的应用最主要也最频繁，主要是因为它很好地回答了数据驱动运营中常见的分析问题，如预测、分类等。简单来讲，凡是预测"两选一"事件的可能性（例如，"响应"还是"不响应"；"买"还是"不买"；"流失"还是"不流失"），都可以采用统计回归方程。

与多元线性回归所采用的最小二乘法的参数估计方法相对应，最大似然法是统计回归所采用的参数估计方法，其原理是要找到能使样本数据中的观测值得到最大概率的参数。这种最大似然法需要迭代计算，对计算能力要求很高。最大似然法的优点是在大样本数据中参数的估值稳定、偏差小，估值方差小。

7.2.2　聚类

物以类聚，人以群分。聚类是将数据分为若干组（簇）的过程，根据数据本身的自然分布和数据变量之间不同程度的相似性（亲疏关系），将最相似的数据按照一定的标准分组。许多数据挖掘算法可以分为有监督学习方法和无监督学习方法。有监督学习方法通常从数据中得出并验证一个模型或模式，其结果来自已知的性能信息；而无监督学习方法通常从性能信息未知的数据中得出基线或模式。聚类与另一种类似的数据挖掘方法——分类（Classification）不同，因为聚类的类别取决于数据本身的特征，而分类的类别规则是预先定义的，所以说聚类属于无监督学习方法，而具有预先设定准则的分类则属于有监督学习方法。进行聚类工作，我们需要研究数据变量之间存在着程度不同的相似性（亲疏关系）的度量，也就是相异度的计算。根据不同的变量类型，不同的相异度计算方法，也就有了不同的聚类算法。

1．K-Means 算法

K-Means（K-均值）算法的主要任务是将相似的样本自动归入一个类别，是无监督学习方法之一。在无监督的情况下，这意味着输入样本没有相应的输出或标签。聚类试图将数据集中的样本划分为一些通常不相关的子集，称为"簇（cluster）"。聚类既可以作为一个独立的过程来得出数据的自然分布结构，也可以作为其他训练任务的预处理，如分类。

给定一个含有 N 个数据点的数据集，以及要生成的簇的数目 K。每一个分组就代表一个聚类，$K<N$。而 N 的数量不能过少，否则聚类的效果会大打折扣，一般实践中 N 最好大于 $K×10$。这 K 个分组满足下列条件：

（1）每一个分组至少包含一个数据记录；

（2）每一个数据记录属于且仅属于一个分组。

对于给定的 K，算法首要的任务就是将数据构建成 K 个划分，以后通过反复迭代以改变分组的重定位技术，使得每一次改进之后的分组方案都较前一次好。将数据点在不同的划分间移动，直至满足一定的准则。一个好的划分的一般准则是：在同一个簇中的数据点尽可能"相似"，不同簇中的数据点则尽可能"相异"。

K-Means 算法的工作步骤如下。

（1）首先从 n 个数据点中任意选择 K 个数据点作为初始聚类中心。

（2）对于剩下的其他数据点，则根据它们与这些聚类中心的相似度（距离），分别将它们分配给与其最相似的聚类中心所代表的聚类。

（3）计算每个新聚类的聚类中心（该聚类中所有数据点的均值）。

（4）不断重复这一过程，直到标准测度函数开始收敛为止。一般都采用均方差作为标准测度函数，即准则函数。

K 个聚类具有以下特点：各聚类本身尽可能紧凑，而各聚类之间尽可能地分开。样本点分类和聚类中心的调整是迭代交替进行的两个过程。在 K-Means 算法中，K 需要事先给定，这也是 K-Means 算法的一个特点。这个特点可以用于很多特定方面。例如，我们需要把运动员分成一级、二级、三级三个层次，那么 $K=3$；同样，也可以把机构（如医院）分成一级、二级、三级，这时 $K = 3$；把俱乐部分级，分析某俱乐部属于几（n）流，这时 $K = n$。

2. DBSCAN 算法

DBSCAN（Density-Based Spatial Clustering of Applications with Noise）算法是一个

比较有代表性的基于密度的聚类算法。与 *K*-Means 算法不同，它将簇定义为密度相连的点的最大集合，能够将密度足够大的区域划分为群组，并在空间噪声数据库中识别任意形状的群组。

DBSCAN 算法需要两个参数：扫描半径（eps）和最小包含点数（minPts）。任选一个未被访问（unvisited）的点开始，找出与其距离在 eps 之内（包括 eps）的所有附近点。

DBSCAN 算法的工作步骤如下。

（1）如果附近点的数量大于或等于 minPts，则当前点与其附近点形成一个簇，并且出发点被标记为已访问（visited）。然后递归，以相同的方法处理该簇内所有未被标记为已访问的点，从而对簇进行扩展。

（2）如果附近点的数量小于 minPts，则该点暂时被标记为噪声点。

（3）如果簇充分地被扩展，即簇内的所有点被标记为已访问，然后用同样的算法去处理未被访问的点。

（4）利用轮廓函数对算法进行评估，得出最优参数。

使用 DBCAN 算法的优点如下。

（1）与 *K*-Means 算法相比，DBSCAN 算法不需要事先知道要形成的簇类的数量；

（2）与 *K*-Means 方法相比，DBSCAN 算法可以发现任意形状的簇类；

（3）同时，DBSCAN 算法能够识别出噪声点，并且 DBSCAN 算法对数据库中样本的顺序不敏感，即 Pattern 的输入顺序对结果的影响不大；但是，对于处于簇类之间边界样本，可能会根据哪个簇类优先被探测到而使其归属有所摆动。

DBCAN 算法的缺点是在样本集的密度不均匀、聚类间距差相差很大时，聚类质量较差，这时用 DBSCAN 算法一般不适合。与传统的聚类算法（如 *K*-Means 算法）相比，DBSCAN 算法的适应性稍显复杂，因为它主要需要调整公共扫描半径 eps、邻域样本数的阈值 minPts，以及对最终聚类结果影响较大的不同参数组合。

7.2.3　关联规则

关联规则（Association Rules）反映了一个事务与其他事务之间的依赖性和相关性，是一种重要的数据挖掘技术，用于识别大量数据中的信息片段之间的有价值的关联。关联规则是以事务为单位的，而事务（Event）由项（Item）组成，它最终寻求的是项与项之间的关系。给定一个事务集 D，挖掘关联规则问题就是寻找支持度和置信度分别大于用户给定的最小支持度（minsupp）和最小置信度（minconf）的关联规则。

Apriori 算法是关联规则的一个传统且比较有效的方法。基于经典的 Apriori 算法，后来又产生了很多不同的改进版本，但它们的基本原理都是类似的。这里，我们对经典的 Apriori 算法进行展示和回顾，因为很多商业项目中仍然使用它，并且它的基本思想在数据挖掘应用的很多地方还具有借鉴作用。

Apriori 算法基于先验原理，它反映了子集与超集之间的关系：即频繁项集的所有非空子集都必须是频繁的，非频繁项集的所有超集必是非频繁的。如果项集 l 不满足最小支持度阈值 s，则不是频繁的，即 $P(l) < s$。如果项 A 添加到 l，则结果项集（IUA）不可能比 l 更频繁出现。因此，(l, A) 也不是频繁的，即 $P(IUA) < s$。因此，Apriori 算法的性质主要用于搜索频繁项集时对候选式的筛选过程，这样能够比较好地避免盲目搜索，提高频繁项集的查找效率。

Apriori 算法的基本过程如下。

输入：事务集 D；最小支持度阈值。

（1）简单统计所有含一个元素项集出现的频率，并找出那些不小于最小支持度的项集，即一维最大项集。

（2）开始循环处理，直到再没有最大项集生成。

（3）循环过程是：第 k 步中，根据第 $(k-1)$ 步生成的 $(k-1)$ 维最大项集产生 k 维候选项集，然后对数据库进行搜索，得到候选项集的项集支持度，与最小支持度比较，从而找到 k 维最大项集。

输出：D 中的频繁项集 l。

关联规则不仅在数值型数据集的分析中有很大用途，而且在纯文本文档和网页文件中，也有着重要用途，如发现单词间的并发关系以及 Web 的使用模式等，这些都是 Web 数据挖掘、搜索及推荐的基础。

7.3 云端决策——推荐算法

基于数据挖掘的云端决策将成为边云智能决策的主要手段，它能实现动态、实时的监测而非事后的回顾式评价；其次，大数据能大大降低产品和服务的消费者与提供者之间的信息不对称，对某项产品或服务的支持和评价，消费者可以实时获知该信息。基于此，可以逐步实现业务流程的自主信息化，结合时间、人物、产品路径精准推送给精准人群，数据挖掘能力将推荐业务做到高效率、低成本。在这一推荐过程中，基于数据挖掘结果的云端推荐算法起到了奠基性的作用。

构建推荐系统是非常复杂的，它需要大量的工作和人员、技术、资金的投入。如此巨大的投入值得吗？来看一些事实：

（1）Netflix 客户观看的电影有 2/3 是由推荐系统推荐的；

（2）Google 新闻上有 38%的点击是推荐链接；

（3）Amazon 35%的销售量来自推荐产品；

（4）ChoiceStream 销售数据显示：有 28%的用户通过推荐购买自己喜欢的音乐。

早在 2003 年，Google 创建了 AdWards 盈利模式，根据用户搜索的关键词向其提供相关的广告，这种模式推出后，点击率很高，成为 Google 的主要广告收入来源。自 2007年 3 月起，Google 在 AdWards 中加入了个性化元素，根据用户的多次搜索历史向其提供相关的广告内容，而非仅凭一次搜索的关键词进行推送，这次改进大幅度提高了广告推送的精准性，无论是在公司的盈利以及用户体验方面都有了飞跃式进步。

2007 年，雅虎推出了名为 SmartAds 的广告方案。雅虎发挥自己拥有海量用户信息的优势，根据用户的基本信息及网络行为，包括年龄、性别、收入水平、地理位置、生活方式、搜索及浏览行为记录等，进行精准的广告投放。

2009 年 7 月，中国第一个内部个性化推荐系统研究小组——北京百分点信息技术有限公司成立，主要研究个性化推荐、推荐引擎技术和解决方案。

2011 年 8 月，纽约大学个性化推荐系统团队在杭州成立，它主要根据用户社会信息和隐性用户反馈（包括在用户网站上花费的时间和产品页面浏览次数）来补充传统协作推荐系统。通过记录这些用户行为对推荐进行辅助，提高了基于社交网络推荐算法的精确性。

2011 年 9 月，在百度世界大会上，百度 CEO 李彦宏提出，推荐引擎与云计算、搜索引擎一起，将成为百度未来战略规划和互联网发展的重要方向，同时宣布新的百度网站将逐步实现个性化，智能推荐用户喜爱的网站和常用的应用程序。

随着 Youtube、Amazon、Netflix 的兴起，从电子商务到在线广告，推荐系统占据了越来越多的位置。

7.3.1　基于统计的推荐系统

基于统计的推荐系统是通过一些确定的个人属性，如性别、年龄段、国籍等来进行推荐。有两个推荐系统的数据集包含了人口统计学信息，一个是 BookCrossing，另一个是 Lastfm。基于统计的推荐系统由于个性化程度较低，因此往往会和其他的推荐系统结合使用。

7.3.2　基于协同过滤的推荐系统

基于协同过滤的推荐系统是推荐引擎的基本形式，这种类型的推荐引擎可以简单理解为在用户偏好的协同下，从大型备选项集合中选出推荐的商品。

基于协同过滤的推荐系统认为两个选择过相同或相似产品的用户可能具有更多的共同喜好，正如生活中人们将好朋友的推荐作为自己选择商品的重要依据一样。也就是说，基于协同过滤的推荐系统会基于其他兴趣相同的用户对某个产品的评价向目标用户推荐产品。基于协同过滤的推荐系统是至今为止被应用得最广泛的推荐系统，且已经被应用到了很多领域当中。

基于协同过滤的推荐系统的基本假设是，如果两个用户在过去有相同的兴趣，那么未来他们也将有相似的兴趣。例如，如果用户 A 和用户 B 有相似的电影偏好，用户 A 最近看了电影《泰坦尼克号》，而用户 B 还没看过，然后我们就将该电影推荐给用户 B。Netflix 的电影推荐方案是基于协同过滤的推荐系统的一个很好的例子。

基于协同过滤的推荐系统有以下两种类型。

（1）基于用户的协同过滤系统

基于用户的协同过滤系统给出的推荐项主要是考虑用户的喜好。基于用户的协同过滤系统分为两步：基于共同兴趣识别相似用户和根据与活跃用户相似的用户所给出的对新项目的评级，为活跃用户进行新项目推荐。

基于用户的协同过滤系统也称为基于记忆的协同过滤系统，主要利用整个用户–产品评价数据进行推荐，首先寻找与目标用户具有相同爱好的用户（以下简称为"邻居用户"），利用邻居用户选择的产品为目标用户推荐产品。该系统根据两个用户对同一个产品打分的相似程度计算他们之间的"距离"，如果用户 A 和用户 B 都对一个电影给出了5 分的成绩，那么他们之间的距离是 0；如果用户 A 给 5 分而用户 B 给 3 分，那么他们之间的距离就变大了。该系统用这种方式计算出品味比较相似的用户，该系统的缺点是很难形成有意义的邻集，两个用户之间选择的相同产品很少，且大部分用户的共同选择对象都是一些热门产品，如近期上映的电影，这样的产品对于推荐来说并没有很强的指导作用。同时，用户的动作随时都在变化，根据用户的选择来推荐产品会使系统的计算负荷过大。

（2）基于项目的协同过滤系统

基于项目的协同过滤系统是根据相邻项目产生推荐的。与基于用户的协同过滤系统不同，基于项目的协同过滤系统要先找项目，然后根据活跃用户对相似项目的历史评估进行新项目的推荐。基于项目的协同过滤系统的构建过程分为两个步骤：根据用户对项目喜好计算相似项目和找出相似度最高并未被活跃用户评估的项目进行推荐。

基于项目的协同过滤系统也称为基于模型的协同过滤系统，通过用户–产品评价数据建模，根据建模结果进行推荐，使用的算法包括聚类算法、降维算法、潜在类型模型算法、其他基于模型的算法。该算法计算两个产品之间的相似度，这些产品可以是电影、书、音乐、服装等所有互联网中能够找到的商品，再将相似度较高的产品推荐给相关用户。由于产品之间的关系较用户关系来说相对稳定，所以计算负荷也小于基于用户的协同过滤系统。

基于协同过滤的推荐系统的优点是实现简单、推荐准确。然而，它也有自己的局限性，如冷启动问题，这是指基于协同过滤的推荐系统不能对系统无法获得其数据的用户（即第一次登录的用户）进行推荐。

7.3.3 基于内容的推荐系统

在基于协同过滤的推荐系统中，只需考虑用户-项目-喜好之间的关系就可以构建推荐系统。虽然这种类型的推荐信息是准确的，但是如果我们想把推荐做得更好一些，还需要加上用户属性和项目属性的考量。与基于协同过滤的推荐系统不同，基于内容的推荐系统建立在项目属性结合用户对项目属性的偏好基础之上，根据相关内容信息构建推荐模型。

基于内容的推荐系统主要的工作内容是分析用户曾经购买、收藏或浏览过的产品信息，通过这些信息提取关键词，建立用户配置文件，同时将其与产品信息的关键词进行比对，找到与用户配置文件最匹配的产品，并将这些产品推荐给用户。这里比对的主要是文本信息，包括用户选择或浏览的产品名称、文本描述等，将这些信息与未被用户选择的产品名称、描述等进行比对，将匹配度最高的产品推荐给用户。所以，基于内容的推荐对于新闻、博客这些以文字为主体的产品来说推荐效果会好一些， 而对于视频、音乐等多媒体产品，分析的关键词只能是作者名、文件描述，效果显然会差很多。

为了解决这个内容提取方面的难题，学者们提出了一种添加关键词的方法，为产品贴标签，即为每一个产品标注符合其内容的标签。例如为电影《少年派的奇幻漂流》标注"探险""李安""印度""感人"等符合电影风格的标签，当用户选择了该电影之后，系统会为其推荐具有相关关键词的电影。需要说明的是，贴标签的方法也分为两种：一种是由专家进行标注，另一种是由用户进行标注。

（1）由专家进行标注的推荐系统的代表包括 Pandora 的音乐推荐系统和 Jinni 的电影推荐系统。Jinni 的电影推荐系统中首先由工作人员定义了 900 多个不同的标签，再由专家从这 900 多个标签中挑出符合每部电影的标签，对电影进行标注。这些标签包括电影的类别、表达的情绪、受众群体、时间、地点、获得的奖项等信息。

（2）由用户进行标注的推荐系统的代表包括 Delicious、Flickr 等。基于内容的推荐系统对活跃用户进行推荐时，通常包含生成用户画像、生成项目画像、生成模型等相关步骤。基于内容的推荐系统推荐的项目是对项目的信息或特征、用户属性等分析之后形成的推荐项。例如，当用户在 YouTube 上搜索 Lionel Messi 的视频时，基于内容的推荐系统会学习用户的偏好，并且会推荐其他与 Lionel Messi 相关的视频或者其他与足球有关的视频。

简单来说，基于内容的推荐系统提供的推荐项信息是基于相似用户的历史喜好数据产生的。项目的相似度是根据与其他的比较项相关联的特征计算得出的，并与用户的历史偏好相匹配。

构建基于内容的推荐系统，主要有以下三个步骤：

（1）生成产品的内容信息；

（2）根据产品的特征生成用户画像和偏好项；

（3）生成推荐信息，预测用户偏好的项目列表。

基于内容的推荐系统的优点如下：

（1）基于内容的推荐系统以实现个性化推荐为目标；

（2）基于内容的推荐系统推荐信息是基于个人的喜好来进行推荐的，而不像基于协同过滤的推荐系统需要通过用户社区进行推荐；

（3）可以支持实时性推荐的要求，因为不需要加载所有的数据进行处理或生成推荐信息；

（4）基于内容的推荐系统比基于协同过滤的推荐系统准确性更高，因为它处理了产品内容，而不是只基于评级信息；

（5）基于内容的推荐系统能处理冷启动问题。

7.3.4　基于关联规则的推荐系统

基于关联规则的推荐系统采用数据挖掘相关的概念，通过海量的销售数据，找出不同商品在销售过程中的相关性，以此来进行推荐。该系统最关键的部分是关联规则的发现，这往往需要海量的历史数据，而且需要长时间的运算才能获得，优点是可以离线进行计算。

7.3.5　基于网络结构的推荐系统

基于网络结构的推荐系统是从二部图网络的角度出发，用基于复杂网络的方法挖掘用户与产品之间隐藏的信息。简而言之，就是用分布在网络中的两类不同节点分别代表用户和产品，以此为基础，根据复杂网络的一些性质进行算法演化。经过实验证明，该类推荐系统与传统推荐系统相比无论在精度上，还是复杂度上都具有较大的优势。

推荐系统所使用的所有信息都隐藏在用户和产品选择之间的关系中。基于网络结构的推荐系统所采用的重要算法之一为基于二部图网络的推荐算法。

基于网络结构的推荐系统具有以下几个优势：

（1）基于网络结构的推荐系统的效果比经典的基于协同过滤的推荐系统要好；

（2）基于网络结构的推荐系统开辟了推荐系统研究的新方向，有较高的研究价值和潜力。

同时，基于网络结构的推荐系统也具有不足之处：冷启动问题，与基于协同过滤的推荐系统相同，在用户并没有选择产品时，系统无法推理出与其有相同兴趣爱好的人，同样，当产品刚进入系统时，并没有被任何用户选择，系统同样不能将其推荐给可能会对其感兴趣的用户。

这种基于网络结构的推荐系统也称为基于图的模型（Graph-based Mode）。比较著名一个算法是刘建国等人提出的二分图法。二分图法根据用户和产品之间的关系，建立二分图，忽略用户和产品的内容特征，将它们看成抽象节点。这种算法的优点是不需要依赖用户评分矩阵，不存在数据稀疏性问题，但是同样需要面对新用户和新物品问题。

本 章 习 题

1．简述云端决策与边云智能的关系。

2．简述云端决策在数据挖掘领域的常用算法有哪些。

3．简述回归与分类任务的区别。

4．简述经典的推荐系统有哪些。

5．简述基于内容的推荐系统与基于协同过滤的推荐系统的区别。

6．简述基于协同过滤的推荐系统的种类。

7．简述基于网络的推荐系统的优点和缺点。

边云智能赋能智慧教室

本章导读

本章旨在以智慧教室为例，向读者介绍边云智能技术的落地应用领域与发展方向，以便读者对于本书重点——"边云智能"赋能实际产业的优势有更加深刻的理解，进而类比理解智慧交通、智慧安防、智慧医疗等其他产业。

第一节为读者介绍边云智能赋能智慧教室背景与边云框架，通过描述宏观的组织架构让读者对于边云智能赋能智慧教室的系统产生直观认知。

第二节为智慧教室中的边云智能感知技术与应用，具体分析和讲解在智慧教室场景中应用到的边缘端感知技术原理及方式，使读者见微知著地了解边云协同体系中边缘端技术的重要作用与"神经元末梢"的重要地位。

第三节为智慧教室中的边云智能决策技术与应用，旨在分析讲解智慧教室场景中应用到的云端分析决策技术及其原理和作用效果，向读者立体展现边云协同体系中云端决策的独特"个性化"和"定制化"效果，展现如何通过云端分析决策完成课堂效果的反馈与针对学生个人因材施教的个性化学习方案设计，体现出边云智能中云端作为决策"大脑"的重要作用。

第四节将探讨"边云智能+"技术的发展前景，通过智慧交通、智慧安防等目前已经逐步应用边云智能技术领域的发展现状及案例，引导读者发散思维，活跃设想边云智能技术的应用前景。

本章学习目标

（1）深度理解应用场景中的"边"和"云"的含义；

（2）了解边云智能在智慧交通、智慧安防、智慧医疗领域的应用；

（3）能够举一反三，畅想更多边云智能应用案例。

8.1　智慧教室的形成背景与边云框架

说起对教室的印象，"黑板+粉笔"不知道承包了多少人对学生时代的回忆：老师在黑板上书写文字、绘制图形，学生在课堂上聚精会神，跟随老师的板书获取知识、掌握知识。但随着教育信息化的普及，传统的"黑板+粉笔"模式因为其书写限制和粉尘伤害已逐渐被新的工具所替代。

统计数据显示，经过多年来的教育信息化建设，多媒体教室比例已经从 2014 年不到 40%提升到 88%，网络学习空间数量从 60 万个激增到 7100 万个。教育录播、交互式电子白板等边缘计算设备走入更多的教室，在推动信息技术与教育教学深度融合的过程中发挥了重要作用。

在 2018 年 4 月教育部发布的《教育信息化 2.0 行动计划》中，智慧教室成为校园信息化整体建设的重要组成部分，承担着让信息化教学变得简单、高效、智能的任务，对于推进教育信息化向智能和创新发展具有重大的意义。如何让教育信息化真正融入教学过程之中？首要的一点是基于智慧教室应用场景的需求，将智慧教室内各种设备的硬件、接口、使用方式等进行标准化，便于进行统一的应用、维护与扩展。

与此同时，在负载整合上，将电子白板、录播等各种教育应用的负载整合在统一的边缘计算系统上，从而对设备进行统一管理，这不仅减少了连接线，提升了稳定性与管理运维的便捷性，还有利于对教育数据进行集中的搜集、处理、洞察，并扩展"智能+教育"等新型应用。

这就意味着，"边云智能"技术的作用日益凸显，通过将网络、数据处理与分析、存储等核心能力部署于边缘端，极大地提升终端设备对于关键教育应用的支撑能力。例如，针对智慧教室中图片及音视频处理场景集中并发量高、对于时延敏感等特点，高性能的边缘节点可以提供强大的多媒体处理能力，通过稳定的链路提供高吞吐、低时延的多媒体及时处理能力。

而在智慧教室管理方面,具备计算机视觉处理能力、与教育云连接的边缘计算设备,可以实现对于智慧教室各种学生、教师、环境态势的智能感知,在提供了高效的教育管理手段的同时,还有助于实现对于教室异常状况的及时处理。而在教学设备管理方面,则可以通过远程管理、桌面虚拟化等技术实现边缘计算终端的统一维护与管理,提升智慧教室的安全性、稳定性与管理的便捷性。

8.1.1 智慧教室政策支持与特征分析

《国家中长期教育改革和发展规划纲要（2010—2020 年)》对教育信息化十年发展做出了方向性的指导,明确指出:加快教育信息基础设施建设。信息技术对教育发展具有革命性影响,必须予以高度重视。

《国家教育事业发展"十三五"规划》鼓励教师利用信息技术提升教学水平、创新教学模式,利用多媒体教室、精品课程共享、智慧教育与智能自主学习平台等多种方式用好优质数字资源,形成线上线下有机结合的网络化泛在学习新模式。

政策要求把教育信息化纳入国家信息化发展整体战略,将信息技术作为提高教学质量的重要手段,提倡在教学活动中广泛采用信息技术,逐步实现教学及管理的网络化和数字化。这些要求催生了智慧教室发展中形成的典型特征。

（1）教学空间的混合。当前远程教育的发展趋势要求我们不再局限于在线教学平台和传统教室,而是将它们融合在一起,借助直播、视频会议等技术,让师生以授课教室为节点,与分布在其他教室、不同地区和国家的学生同时上课,实现双向沟通、交流、讨论与互动,以确保线上、线下"实质等效"。这种线上线下教学空间的混合模式,不仅使教学变得更加便捷,还能提升在知识规模、传播范围和传播速度等方面的效果。

（2）教学时间的混合。随着在线课程在课堂教学中的深入应用,教学时间不再被简单地划分为课前、课中、课后,学生可以提前自学教师设计的在线课程,也可以在同步课堂中跟随教师的授课节奏,还可以借助视频录播、电子笔记等信息技术手段,异步观看教师的课堂教学视频和其他同学的笔记,并结合在线课程完成学习任务。这种线上线下、随时随地的学习方式,打破了传统的固定时间授课模式,实现了教学时间的混合,为学生提供了更加个性化的学习时间。

第 8 章　边云智能赋能智慧教室

（3）教学方式的混合。当前，随着师生信息素养的大幅提升，传统课堂的教学方式正在发生改变。随着信息技术支持下的在线教学互动走入教室，虚拟化的 VR、AR 交互场景和数字化的签到、抢答、提问、分享、讨论、测验、反馈等功能与传统的讲授型、讨论型、研讨型、协作型、探索型教学方式相融合，促使课堂朝着多模态的混合教学方向发展。这种线上、线下相结合的教学混合方式不仅丰富了课堂的趣味性、互动性，而且记录了课堂教学的全过程数据，为精准地进行智能化学习分析和科学地调整教学计划，进而提升教学效果提供了依据。

（4）教学评价的混合。当前，随着线上、线下教学的逐步融合，以期末考试为主要评价对象的总结性教学评价方式正在发生改变。在教学过程中，课堂表现、教学互动、作业测试、小组讨论等过程性学习行为的评价日益受到重视；自我评价、小组评价、学生互评与教师评价相结合，形成了混合式评价；同时，以动态化的学习过程为代表的过程性评价与以期末考试为代表的总结性评价逐步走向融合。可以说，重构教学评价已经成为当前教育教学变革的重要任务之一，更加公平、合理的教学评价方式正在形成。

（5）教学分析的混合。当前，随着人工智能技术不断深入教学应用，混合教学由浅层学习逐步走向高阶的深度学习。在用户画像、知识图谱、智能决策、智能推荐等智能技术的支持下，基于大数据的智能化实时学情分析由理论走进现实，而教学、学习情况的分析也由传统的依赖教师的人工分析转变为智能学习分析辅助人工分析。这种人工和智能相混合的教学分析方式，有利于教师更加客观、科学地调整教学计划，并帮助教学管理者做出合理的教学决策，从而助力混合教学向精准化教学方向发展。

8.1.2　基于边云智能的智慧教室框架

在分析智慧教室的政策支持与混合教学新特征的基础上，结合智慧教室理论与实践的相关研究成果，本研究设计了基于边云智能的智慧教室框架，如图 8-1 所示。该框架主要分为基础设施层、数据支撑层、应用层和决策层，分别对应智慧教室的教室环境、数据中心、教学支撑体系和教育大脑四个部分。

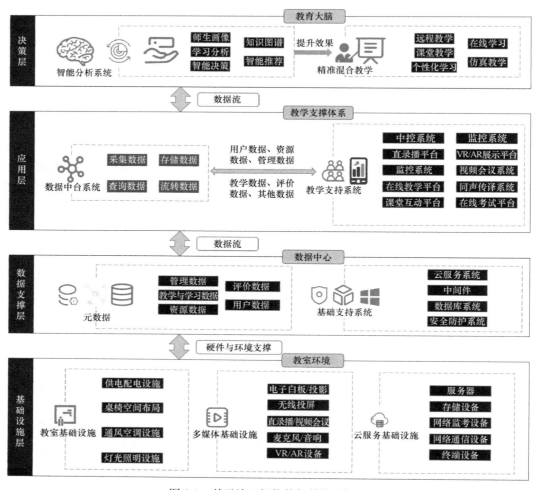

图 8-1 基于边云智能的智慧教室框架

（1）基础设施层

基础设施层是智慧教室的教室环境部分，由教室基础设施、多媒体基础设施和云服务基础设施三个模块组成，为数据中心、教学支撑体系和教育大脑的运行提供底层的硬件基础环境。其中，教室基础设施主要包括桌椅空间布局、灯光照明设施、通风空调设施、供电配电设施等，为开展教学提供最基本的空间环境，也可根据实际需求增加其他智能化的物理环境控制设施。多媒体基础设施包括电子白板/投影、无线投屏、VR/AR设备、直录播/视频会议、麦克风/音响等，为智慧教室中在线教学、课堂教学、远程教学、VR 教学等多种教学模式的呈现与互动提供基础支撑。最后，云服务基础设施包括服务器、存储设备、网络监考设备、网络通信设备、终端设备等，为智慧教室各类教学软件的运行提供硬件支撑。

（2）数据支撑层

数据支撑层对应智慧教室的数据中心部分，包括元数据和基础支持系统两个模块。元数据是指应用层和决策层在支撑教育教学开展过程中产生的管理、用户、资源、教学、学习、评价、决策等所有数据，通过数据中台系统，为应用层和决策层的所有应用提供统一的元数据服务，实现教学数据应用与管理的系统化、规范化。基础支持系统则包括云服务、安全防护、中间件和数据库等系统，为应用层和决策层的各类教育应用软件提供稳定、可靠的运行环境。

（3）应用层

应用层对应智慧教室的教学支撑体系部分，包括数据中台系统和教学支持系统两个模块。数据中台系统作为智慧教室的"桥梁中枢"，通过标准化接口与所有的应用软件联通，实现了教学数据的采集、存储、查询和流转，为应用层和决策层提供数据支撑。教学支持系统中的各类教学应用形成了一套完整的教学组织、实施和评价的混合教学体系，其中中控系统可以为各类教学的实施提供展示平台；直录播平台、视频会议系统和同声传译系统的组合，不仅能够满足互动课堂的远程教学需求，还能够通过回放点播和同声传译笔记，满足不同时间段、不同国家学生的异步自主学习需求；在线教学平台、课堂互动平台和 VR/AR 展示平台的组合，能够支撑讲授型、讨论型、研讨型、协作型、探索型等多种教学方式在课堂教学中的融合应用，数字化的课堂互动不仅为课堂提供了身临其境的 VR/AR 交互场景，增加了课堂的趣味性、互动性，还记录了课堂教学的全过程数据，为综合性的教学评价与学习分析提供了依据；而在线教学平台、课堂互动平台、在线考试平台和监控系统的组合，从教、学两个维度为全过程的综合性教学评价提供了支撑，可以说，教学支持系统不仅满足了当前教学时间、空间和方式的混合需求，还满足了教学评价的混合需求。

（4）决策层

决策层对应智慧教室的教育大脑部分，包括智能分析系统和精准混合教学两个模块。其中智能分析系统提供师生画像、知识图谱、学习分析、智能推荐、智能决策等功能。教育大脑利用数据中台，从应用层获取混合教学管理、用户、资源、教学和评价的全过程数据；同时，利用智能分析系统各功能的优化组合，帮助教师实时了解学习情况，精准掌握教学痛点、难点，从而及时调整教学计划与策略；帮助学生及时了解自身知识和能力的不足，精准制定个性化学习路径；帮助教学管理者及时了解学校教师情况、学生情况，精准制订学校培养计划。教育大脑有效推进学校精准混合教学的实施，支撑混合教学模式下多种教学形态（如远程教学、在线学习、课堂教学、仿真教学、个性化学习等）朝着精准化和智能化的方向发展。

8.1.3 基于边云智能建设的智慧教室目标愿景

（1）边缘感知与云端决策应用于实训教学

以教学大纲为蓝本，以教学资源为核心，集边缘端、云平台、人工智能于一体，将抽象的概念情境化、可视化，实现高度融合、高度沉浸、高度交互的智慧教室解决方案，为教师提供从课程内容制作直至教学数据的边缘端实用工具，辅助高效率的备课以及云端分析决策，颠覆传统教学环境。

构建的智慧教室能够让学生在虚拟的三维环境下进行实验和实训练习，使用边缘感知技术对用户进行实验和实训的数据进行采集，再通过虚拟仿真实验教学管理平台进行云决策实验课程安排和实验效果的考察。

（2）大数据与教学相结合，提升过程性评价

通过智慧教室与智能自主学习平台的云端决策和教学的课前、课中、课后各环节一体化融合贯通，全面记录教与学过程中的所有数据，教师可清晰了解每个学生的学习情况，为学生提供个性化教学，因材施教。教学管理者可以全方位掌握学校的教学情况，辅助提供教学决策和工作依据，从而实现全流程教学信息采集、分析、指导，促进过程性评价。

8.2 智慧教室的边缘端感知技术与应用

基于边云智能的智慧教室系统在边缘端通过摄像头、传感器等进行信息感知，并在边缘端实时处理，所用到的技术包括用于学生考勤的人脸检测技术、人脸识别技术等，

将视频数据上传至云端，可通过"教育大脑"模块对学生的学习情况进行分析，这将涉及用于评估学生行为的行为分析与表情分析技术。本节主要对基于边云智能的智慧教室的感知技术和应用进行梳理。

8.2.1　无感考勤、表情感知与异常行为识别

1．人脸检测技术

人脸检测属于目标检测的一种，人脸检测主要包含人脸验证和人脸鉴定两个模块。前者的任务是判断给定的人脸图像属于 N 类中某一类，而后者的任务是判定两张给定的人脸图像是否为同一个人。近年来，基于深度学习的人脸识别算法得到了充分的发展，基于卷积神经网络的方式是目前最常用的一类算法。

在卷积神经网络的训练过程中，合适的损失函数对模型的表现影响显著。在广义的人脸识别任务中，最主要的操作为人脸验证，即比较两张人脸图像是否来自同一个人，所使用的策略是通过计算各种度量指标，来衡量不同人脸之间的相似度。因此人脸识别模型的训练可以看成一个缩小类内距离来增加类间距离的过程。Softmax 是分类任务中最常用的模型之一，公式为

$$L = \frac{1}{N}\sum_i -\log\left(\frac{e^{f_j}}{\sum_j e^{f_i}}\right)$$ （8-1）

Softmax 的思想为"强者多得"，即输出的最高概率显著大于其他概率值。但 Softmax 不能用于扩大类间距离，缩小类内距离，而人脸识别中要求统一身份即相同类别的特征分布紧凑，这样在相似度度量过程中相似度才能更高，并且要求不同类的分布尽量距离较远，这样才能使不同人的相似度变低。而且人脸训练过程中，类别数量庞大，Softmax 的训练难度就更大。所以简单的 Softmax 损失函数并不能满足人脸识别的需求。

许多算法使用基于欧氏距离损失函数和角度间隔损失函数来约束类内距离和类间距离，使特征类间分离的同时实现类内紧凑，人脸识别中较为典型的算法为 FaceNet。

Google 于 2015 年提出了 FaceNet，这是一个集识别、验证、聚类等问题于一体的统一框架，算法的核心观点是上述问题都可以视为特征空间中人脸特征的距离计算，基

于这个分析，研究工作更主要的是去关注如何将人脸更好地映射到特征空间。

过往的基于深度学习的人脸识别方法更多的是训练分类器，对一些已知身份进行鉴别，然后再使用一个中间瓶颈层作为表示，用于将识别推广到训练使用的身份之外。这种方法的缺点是间接性和效率低下，如果需要对已知身份进行添加，则往往需要重新对网络进行训练，同时对身份进行表示时使用的特征往往超过 1000 维，难以直接使用。于是 FaceNet 移除了 GoogleNet 网络结构中的 Softmax 分类层，使用 Triplet Loss 训练网络，以完成对欧氏空间的嵌入（Embedding），获得具备区分性的特征。

FaceNet 模型结构如图 8-2 所示，输入数据通过神经网络获得高维特征后，使用 L2 正则化，获得稀疏矩阵，然后在嵌入空间中使用 Triplet Loss 计算特征间的距离，其核心思想是希望经过学习之后得到的人脸特征，使得相同人之间的特征距离靠得近，不同人之间的人脸特征距离远，也就是类内距离小，类间距离大。对于网络的输入图像，需要与同一个人的另外一个图像离得近，与不同人的图像离得远，也就是：

图 8-2 FaceNet 模型结构

$$\left\| f(x_i^a) - f(x_i^p) \right\|_2^2 + \alpha < \left\| f(x_i^a) - f(x_i^n) \right\|_2^2 \tag{8-2}$$

其中，α 是代表间隔，是正负对之间区分界限的阈值。因此 Triplet Loss 可以表示为

$$L = \sum_i^N \left[\left\| f(x_i^a) - f(x_i^p) \right\|_2^2 - \left\| f(x_i^a) - f(x_i^n) \right\|_2^2 + \alpha \right] \tag{8-3}$$

通过使用基于 Embedding 的人脸特征提取，将人脸特征提取到高维空间中，使得网络训练可以直接优化嵌入特征，端到端的训练提高了模型的精度，同时也使得基于深度学习的人脸识别算法可以更广泛地应用在真实场景的识别问题中。

2. 表情识别技术

学习情绪是一种重要的内隐式学习特征。学习情绪分析不仅可以为教师理解学生的学习行为、动机、兴趣和注意力提供线索，还可以为教学评价和教学反思提供重要依据。如何有效精准识别学生学习过程中的情绪状态，一直是教育领域的研究重点和难点。心理学家 Mehrabian 通过研究发现："情绪表达=7%的语言+38%的姿势表情+55%的面部表情"，面部表情包含丰富直观的情绪信息。研究表明，在学习环境下，面部表情不仅能直观反映学生的情绪状态，还能反映学生的心理状态。因此，面部表情识别已成为感知学习情绪的主要途径。

特征提取是表情识别中的关键环节。学习环境下的学生表情具有一定的内隐性和复杂性，因此需要设计有效的特征提取方法。当前依据数据形态的不同及识别任务的特点，可将表情特征提取算法分为两大类——基于静态图像和基于视频的特征提取算法。

由于静态图像获取及处理便捷的特性，已有大量研究不考虑数据的时序性问题，进行基于静态图像的表情识别任务。基于静态图像的特征提取算法可进一步细分为整体法和局部法。整体法包括主元分析法、独立分量分析法和线性判别分析法等。PCA 作为一种无监督的方法，在最大化保留人脸信息的基础上，还能对数据特征进行降维。ICA 作为一种无监督的方法，与 PCA 不同的是，除了能对数据降维，提取出的属性具备相互独立性，并且收敛速度快，被用于提取学生表情特征。

视频可呈现人脸形变和肌肉运动过程，对表情发生的过程和情绪的转变具有较好的解释性。基于视频的特征提取算法分为光流法、模型法和几何法。光流法指利用视频序列图像间像素强度的时域变化和相关性，获得人脸各个部分发生运动的信息，表征脸部形变和变化趋势。Liu 等为了提高视频序列中微表情的识别率，在微表情视频序列中抽取主方向，将面部区域划分为感兴趣区域，并计算感兴趣区域中的平均光流特征。目前研究者提出了改进的光流法，如金字塔光流法、差分光流法、区域光流法、特征光流法等，以克服传统光流法运算量大、处理困难、易受光线影响等问题。模型法包括主动形状模型法（Active Shape Models，ASM）和主动外观模型法（Active Appearance Model，AAM）。在线学习系统中，魏刃佳等基于 ASM 定位人脸特征点，获取眼部和嘴巴的形变特征识别学习者的疲劳情况。AAM 是当前人脸特征点定位的主流研究方法，韩丽等基于 AAM 对课堂环境下学生面部关键点进行标记，依据建立的形状模型提取多姿态人脸特征，有效地解决了人脸姿态的多样性，取得了较好的识别效果。几何法通过定位面部五官即眉毛、眼睛、鼻子、嘴巴和下巴来获取人脸表情的显著特征。

在真实的学习环境中，学生表情具有低强度、时间短、持续性和时序性的特点，因此通过连续帧识别面部表情更自然，识别结果更为精准。由于 RNN 在各种序列分析任务上取得了不错的表现，人们尝试使用 RNN 对随时间演化的面部表情进行识别。Zhang 等基于 RNN 设计了一种时空递归神经网络模型，利用输入信号的时空依赖性学习隐藏特征，并在脑电波和面部表情数据集上证明了其有效性。然而，RNN 用于提供一种简单的机制来解决爆炸和消失梯度问题，容易丧失学习序列时域特征的能力，因此长短时记忆网络应运而生。例如，王素琴等建立了 VGGNet-LSTM 模型，首先通过 VGGNet 模型提取表情图像的视觉特征，然后使用 LSTM 提取图像序列的时序特征，通过特征融合后在此基础上进行分类，显著提高了表情识别的准确率。除了面部表情类信息，Zhu 等还考虑了代表性的表情状态（表情的起始、顶点、偏移量）等影响因素，建立了一个深度的 CNN-LSTM 子网来学习图像的时空特征，进一步识别在线学习中的面部表情。尽管深度学习具有强大的特征学习能力，但在表情识别任务中依然面临一些挑战。例如深度学习需要大量的样本进行训练，而已有的许多学生表情数据库规模达不到模型要求，同时，学生的年龄、身高等无关因素的差异也会影响识别结果。

当前，将传统机器学习方法与深度学习方法结合使用也成为一种常用策略。例如，在远程学习中，为了实时识别学生的学习状态，Yang 等采用 Haar 级联方法对人脸图像进行检测，然后通过 Sobel 边缘检测得到特征值，并送入神经网络进行识别。而为了自动检测学生学习走神情况，Bosch 等使用 OpenFace 实时提取面部图像特征和头部姿势特征，建立由 SVM 和深度神经网络组成的机器学习模型，但识别的准确率不高。

3. 行为检测技术

行为检测是一项具有挑战性的任务，受光照条件各异、视角多样性、背景复杂、类内变化大等诸多因素的影响。对行为识别的研究可以追溯到 1973 年，当时 Johansson 通过实验观察发现，人体的运动可以通过一些主要关节点的移动来描述，因此，只要 10～12 个关键节点的组合与追踪便能形成对诸多行为（如跳舞、走路、跑步等）的刻画，做到通过人体关键节点的运动来识别行为。正因为如此，在 Kinect 游戏中，系统根据深度图估计出的人体骨架，对人的姿态动作进行判断，促成人机交互的实现。另一个重要分支则是基于 RGB 视频进行行为动作识别。与 RGB 信息相比，骨架信息具有特征明确简单、不易受外观因素影响的优点。我们在这里主要探讨基于骨架的行为识别及检测。

人体骨架的获得主要有两个途径：通过 RGB 图像进行关节点估计（Pose Estimation）获得，或是通过深度摄像机直接获得（如 Kinect）。每一时刻（帧）骨架对应人体的 K 个关节点所在的坐标位置信息，一个时间序列由若干帧组成。行为识别就是对时域预先分割好的序列判定其所属行为动作的类型，即"读懂行为"。但在现实应用中更容易遇到的情况是序列尚未在时域分割（Untrimmed），因此需要同时对行为动作进行时域定位（分割）和类型判定，这类任务一般称为行为检测。

注意力模型（Attention Model）在过去这两年里成了机器学习界的研究热点，其想法就是模拟人类对事物的认知，将更多的注意力放在信息量更大的部分。我们也将注意力模型引入了行为识别的任务，下面就来看一下注意力模型是如何在行为识别中大显身手的。

时域注意力：众所周知，一个行为动作的过程要经历多个状态（对应很多时间帧），人体在每个时刻也呈现出不同的姿态，那么，是不是每一帧在动作判别中的重要性都相同呢？以"挥拳"为例，整个过程经历了开始的靠近阶段、挥动拳脚的高潮阶段以及结束阶段。相比之下，挥动拳脚的高潮阶段包含了更多的信息，最有助于动作的判别。依据这一点，我们设计了时域注意力模型，通过一个 LSTM 子网络来自动学习和获知序列中不同帧的重要性，使重要的帧在分类中起更大的作用，以优化识别的精度。

空域注意力：对于行为动作的判别，是不是每个关节点在动作判别中都同等重要呢？研究证明，一些行为动作会与某些关节点构成的集合相关，而另一些行为动作会与其他一些关节点构成的集合相关。例如"打电话"，主要与头、肩膀、手肘和手腕这些关节点密切相关，同时与腿上的关节点关系很小，而对"走路"这个动作的判别主要通过腿部节点的观察就可以完成。与此相适应，设计了一个 LSTM 子网络，依据序列的内容自动给不同关节点分配不同的重要性，即给予不同的注意力。由于注意力是基于内容的，即当前帧信息和历史信息共同决定的，因此，在同一个序列中，关节点重要性的分配可以随着时间的变化而改变，如图 8-3 所示。

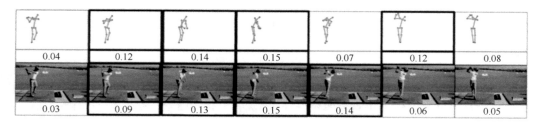

图 8-3　空域注意力模型

8.2.2　边缘端感知模型的压缩与轻量化

尽管基于深度学习的人脸检测算法、表情识别方法和行为检测算法在各个数据集都取得了不错的效果，但相对于传统的检测算法对硬件的要求大大提高。很多高精度的网络设计时并未考虑实用性要求，这些算法往往都建立在较深的网络结构上，参数量和计算量都很大，这对于一些算力偏弱的设备是难以接受的，也在一定程度上阻碍了深度学习的实际落地。近些年，深度学习的落地问题成为学术界和工业界共同期待解决的问题，主打模型部署的众多深度学习推理框架如 TVM、TensorRT、NCNN、MNN 等也被相继推出，相关模型压缩的算法如知识蒸馏、模型剪枝、模型量化等被用于提升算法运行效率。

1. 基于前景感知的知识蒸馏

对人脸识别、表情感知和异常行为识别的算法模型轻量化可采用教师–学生网络结构，如图 8-4 所示，教师网络和学生网络均包含前文提到的骨干网络、特征金字塔、检测头、语义引导头，学生网络与教师网络结构相同，只是通道数减少，学生网络的骨干网络各个阶段通道减为(64, 64, 128, 128, 128, 128, 128)，特征金字塔、检测头和语义引导头输出通道减半。

蒸馏方法可以对中间层特征、检测头输出和语义引导头输出进行知识蒸馏，在对中间层进行特征蒸馏时，不仅对骨干网络各阶段输出进行蒸馏，同时对特征金字塔的五个尺度的特征进行蒸馏，实现对中间层特征的学习深度监督。由于学生网络中间层特征通道数与教师网络不匹配，因此添加了通道调整模块，仅由 1×1 卷积层构成，通道调整模块仅在训练时使用，测试时只使用学生网络。对于检测头，因为分类分支输出的软标签包含了对目标的置信度信息可以帮助学生网络学习，而 IoU 评价分支和目标框回归分支的输出与真实值的差距对于学生网络来说是没有意义甚至是不利的,因此检测头部分只对分类分支进行蒸馏,语义引导头和分类分支情况类似,因此也进行蒸馏。

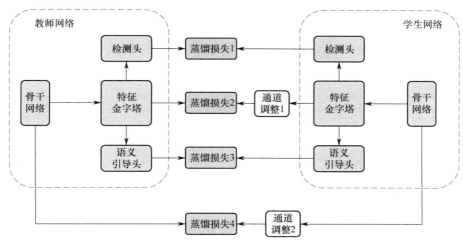

图 8-4　知识蒸馏网络结构示意图

2.基于 BN 层系数的通道剪枝

BN 层已经成为当前深度学习网络的标配,可以提高训练稳定性和收敛速度。BN 层对输入 z_{in} 所进行的操作如式（8-4）所示,它会对输入通道减去均值并除以标准差,最后通过放系数 α 和偏置 β 进行线性变换,BN 层的放缩系数较小时,该通道的输出就会很小,也就代表了该通道的重要性较小, 因此可以设置相应阈值去裁剪掉重要性较小的通道。

$$z_{out} = \alpha \frac{z_{in} - \mu_B}{\sqrt{\sigma_B^2 + }} + \beta \tag{8-4}$$

边缘端感知模型包含了骨干网络、特征金字塔、检测头和语义引导头四部分,各部分耗时占比如图 8-5 所示,其中骨干网络耗时占比超过一半以上,且只有骨干网络包含了 BN 层,因此在这里骨干网络是剪枝的目标部分。

剪枝模型采用的基本模块为残差块,残差块中包含了 shortcut 连接,如果直接使用全局阈值进行剪枝则会导致 shortcut 连接处通道不一致,因此在剪枝时本文有多种剪枝的策略可以使用。

（1）只对残差块内的残差分支进行剪枝,此种剪枝策略无须处理 shortcut 连接部分,实现最简单但剪枝率最低。

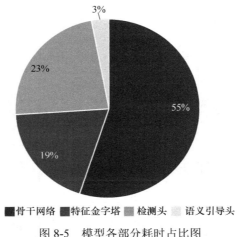

图 8-5　模型各部分耗时占比图

（2）因所有与 shortcut 连接处通道都相同，网络每个阶段都选取网络相同 shortcut处的通道，此种策略没用充分考虑其他残差块通道的重要性，可能会把重要通道剪掉。

（3）将所有shortcut 相连的残差块的剪枝通道取并集操作，充分考虑每个残差块的重要性。

8.3　智慧教室的云端决策技术与应用

基于边云智能的智慧教室系统在云端通过"教育大脑"模块对课堂整体情况进行分析决策，可构建不同学生个性化的知识掌握图谱以及用于评估教师教学情况，此外还涉及智慧教室决策层协助课后辅导的定向化作业推荐技术等。本节主要对基于边云智能的智慧教室的云端决策技术和应用进行梳理。

8.3.1　"教育大脑"大数据分析决策方法

技术与课堂融合为教育带来重大变革，大数据挖掘融入教育领域，科技进步为传统课堂教学转型带来机遇，智慧教育成为教育信息化的热点话题。智慧教育可以调节教学课堂氛围，并且有助于突出教学中的重难点，使得教师对学生学习数据采集处理成为发展趋势。

1. 学习行为数据收集

智慧教育研究如何利用学习数据的问题。xAPI 是目前在线学习领域的行为数据标准，提供对数据的检索与写入功能。LMS 学习平台生成格式事件报告，xAPI 定义数据访问所需的安全机制 OAuth。混合学习应用平台可以设计不同的事件采集器，不同学习场景产生不同的数据特点，如学生观看课程视频需采集观看中发生的动作。通过学生对学习工具在课前和课后的应用，分场景收集高质量学习数据，形成学习大数据分析条件。对大数据学习行为分析过程复杂，智慧教育中数据信息收集非常重要，教师要科学使用大数据技术对学生数据进行收集，常用的数据收集技术是 xAPI 数据标准，借助 LMS 学习平台采用 xAPI 规定格式生成主动词，采用 JSON 格式生成数据保存在学习记录中。高效课堂组成如图 8-6 所示。

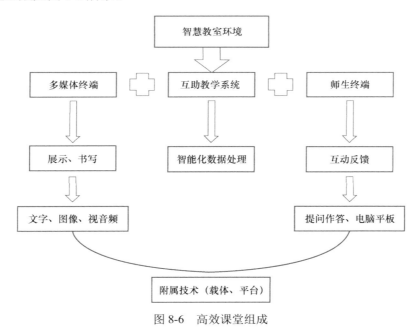

图 8-6　高效课堂组成

2. 个性化学习特征分析

智慧教育目的是分析学生学习行为数据，预测学生学习成绩。由于教育数据特点，对其进行分析需要结构挖掘等多种分析方法。预测是对在线教育数据分析得到变量模型预测趋势，常用的学习预测手段包括回归等。潜在知识评估手段能客观评测学生知识掌握情况，常见潜在知识评估模型包括绩效因素分析等。

模型发现研究是挖掘知识构建模型指导教育数据挖掘研究,常见的是通过学习构建学习模型,如建立学习者元认知模型等。学习数据分析结果可采用多种可视化技术展示,例如使用饼图观察学生对学习活动的兴趣,利用雷达图表示学生抗压能力等学习品质分布等。也可以根据学校教师需求开发可视化图表,如对学生聚类分析,便于教师对其集中管理。新生可根据历史数据分配到类似学习方式的学生中。

3. 课程推荐与学习规划

学生学习获取知识后进行转化并实现有效利用是一个循环的过程,在知识获取中对学生进行学习规划非常必要。综合运用数据分析、概率推理法对学习风格、教学方法进行建模,便于根据学生个性特点推荐学习内容。通过挖掘学生学习行为特征,以学习者先验知识为补偿集下限,应用吸收马尔可夫链模型,结合学生学习路径规划,完成课程推荐。新型网络在线课程形式的优质资源得到学习者的好评,制订学习计划可以使学习活动更加高效,教师可以对学生进行指导,教师结合输出数据制订学习计划,有效提高学生的学习效果。通过大数据技术为学生推荐书籍,学生可以更有针对性地进行学习。

4. 基于社区的学习分析

基于学习社区交互是智慧教育的重要环节,以学习兴趣为驱动的复杂社交网络强调实现学生的多样性结合,不同个体学习行为具有自发性,通过相互影响表现宏观性质。利用大数据分析采集在线社区交互的学习行为,挖掘学习者的内在隐含关联;探寻以文本为载体的对话交互方式,抽象学习交互中知识传播的基本模式。

8.3.2 个性化推荐、学习评价与师生互动应用

1. 差异化、个性化学习资源定制与推送

采用大数据分析可以准确地了解学生的认知结构、知识结构、情感结构、能力倾向和个性特征,并以此为基础提供全面的、个性化的和精准的教育服务,例如及时发现学习者的知识盲区、完善学习者的知识结构、发现和增强学生的学科优势与特长。大数据环境下的个性化学习有两大优势:一是提供丰富的数字化学习资源,学生可以根据自身喜好和能力选择学习任务;二是改善学习效率,通过大数据分析高频错题,列出知识点,针对不同学生推送类题与错题,再拟定个性化的学习方式,从而解决了差异化与个性化

学习的问题。

所以,智慧教育应该能够根据课程教学大纲的要求,智能地从互联网搜索学习资源,并通过大数据技术分析学生的学习行为,再根据学生的学习理解力进行评级。例如,可以分为高、中、低级,同时对收集的学习资源难度再进行高、中、低分类,最后再按学生的理解力级别推荐学习资源,实现差异化与个性化教学。

2. 学习评价因子分析

在大数据时代,我们可以通过学生在互联网上留下的大数据痕迹发现和分析更多的学习因子。例如,有学者对北京市民终身学习网(京学网)的大数据进行分析,获取了与学习指标相关的大数据,再利用因子分析方法构建了包括学习行为指数、学习满意指数和学习结果指数的多维度监测预警指数系统。这与传统学习通过考试来测试知识掌握程度以及根据上课考勤、平时作业和课堂回答问题来判断和监控学生的学习情况不同,它更多地关注学生学习的相关因素,如玩游戏时间与学习成绩的相关性、运动场上的运动时间和学习成绩的关系、图书馆图书借阅量与学习成绩的关联性等。

3. 智慧课堂师生互动指数分析

智慧课堂的数据挖掘分析是复杂的系统工程,本部分以智慧课堂师生互动指数分析为例,介绍智慧教育中大数据分析技术的应用。研究使用中小学应用广泛的科大讯飞产品的智慧课堂数据,并形成理论定义、教学模式等完整体系,在某重点中学学生群体中常态化使用,由于使用智慧课堂产品的时间长,积累了大量过程行为数据,数据分析采用匿名编码保护学生隐私。

研究师生互动指数基于师生在智慧平台教学数据,基于实用性、全面性原则,利用因子分析法,通过指标选取确定相应的指标权重。师生互动是与讲授式教学、对话教学等共存的教学类型,包含认知与情感成分,传统教学模式中教师将学科知识传授给学生,课堂是以教师为中心的传统教学模式,束缚学生的创新能力。智慧课堂教学中通过提升师生互动打破传统教学模式,计算师生互动指数。

智慧教室是边云智能技术发展下的必然产物,它为高校课堂教学改革提供了环境基础。一定程度上,智慧校园建设的推进可使校内师生的学习生活变得更加便捷化、智能化,校园管理更加规范化、制度化,从而降低管理人员的工作难度。目前,人工智能技术日趋成熟，智慧校园建设中人工智能技术与物联网技术的融合是大势所趋，将来利用人工智能技术对学生日常行为和学习情况进行分析，根据学生自身特点量身打造出一套合适的学习方式将成为可能，人工智能的参与也必将引发新一轮教育教学改革。

8.4　边云智能的其他应用实例

8.4.1　边云智能赋能智慧交通

2020 年年初，中央提出的"新基建"基础设施体系是在"加快构建以国内大循环为主体、国内国际双循环相互促进"的新发展格局下助推中国经济复苏和发展的重要力量。其中，作为智慧城市的重要组成部分，智慧交通基础设施建设是新基建的重要内容和重点投资领域，被业内认为是新基建热潮下的主要发力点。然而，我国城市人口数量不断增加，机动车数量不断增长，道路资源日益紧张，交通问题日益严重，故而发展智慧交通是必然要求和发展趋势，利用"边云智能"技术改善和引导智慧交通场景下道路、车辆、行人三个关键主体间的关系与行为可以作为一种重要的实践途径。

1．云平台：智慧交通的"智能大脑"

将云平台比喻为智能交通系统的大脑，主要强调的是云平台的计算能力，即业内常说的云计算。我国交通云平台的发展经历了以下几个阶段，从最早的 CIS 架构发展到省一级交通运输厅层面的数据集中和多系统数据的共享，再到云架构的提出和公有云与私有云的建设，再到现在提出的云控平台的理念。早期的私有云建设只是实现了一部分数据"上云"，并没有形成真正的大数据共享，业务及系统间的打通很少，实现的应用并不多，计算能力有限，当然也称不上是所谓的交通"大脑"。随着云平台的发展，云端不仅用来做简单的数据存储和应用，而是进行更加综合的数据共享、系统融合，以及更加复杂的数据运算，以实现交通系统真正意义上的智能大脑。随着边缘计算概念的提出，有人将其与云计算对立起来，但实际上，技术的演进是螺旋式上升的，从集中式的云计算（中心云）到分布式的边缘计算，未来有可能走向新的集中式，甚至是分布式基础之上的集中，或者是集中式与分布式兼而有之，相互渗透。

未来交通的智慧化在于运用云计算、大数据等技术，构建集数据汇聚、智能分析、场景应用于一体的智慧大脑交通系统。当前，对于视频监控、运营服务、养护管理、收费稽核等交通重点业务来说，搭建一个好的云平台系统是实现业务智能化的前提条件。为此，下文梳理出几个交通云平台的典型应用案例，以供同行借鉴和进一步探索。

（1）智慧高速视频云联网平台的建设

其中，采集层包括路面、服务区、收费广场以及 ETC 门架等位置的视频资源，通过传输层传输汇聚到数据层；在数据层，构建了视频管理服务平台，实现了对市面上绝大部分的主流摄像头的无缝对接，并通过构建数据仓库实现对相关主题库的管理，包括基础地理数据库、设备管理数据库、在线监控数据库等；服务层通过基础服务实现功能封装并对外提供接口，针对智能监测应用构建了 AI 中台，实现事件检测、路况分析、拥堵预测、公路气象检测等功能；在应用层，实现了省级视频云平台、路段视频上云网关、视频事件识别系统等相关服务应用。江西省视频云联网平台总体架构如图 8-7 所示。

图 8-7　江西省视频云联网平台总体架构

（2）高速公路数字化资产管理和养护云平台

阿里云在智慧高速全要素、全生命周期数字化实践中，构建了高速公路数字化资产管理和养护云平台。该云平台由智能设备系统、多源数据管理系统、大数据云平台以及二三维可视化系统组成。通过多源数据管理系统实现对病害检测数据、路产信息、监测数据、交通信息数据的管理；通过大数据云平台实现数据的处理和分析，提供养护设计、咨询及方案等；通过二三维可视化系统实现病害地图可视化、资产数据可视化、运营管理可视化，如图 8-8 所示。高速公路数字化资产管理和养护云平台实现了公路病害人工检测到智能检测，养护实施以经验为主到科学决策，高速公路养护全过程的可视、可管、可协同。

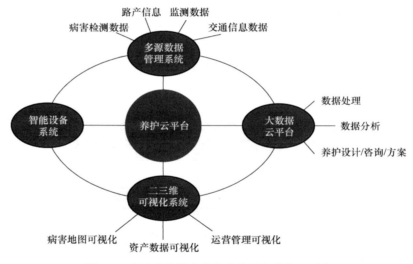

图 8-8 高速公路数字化资产管理和养护云平台

（3）云平台在交通气象服务中的应用

交通气象服务是公路全天候通行能力的重要保障，打造远程"可视、可测、可控、可服务"的智慧路网，搭建综合气象大数据平台是建设智慧高速的核心内容。智慧网云（北京）技术有限公司首席技术官黄建苹提出了一套基于行业云的交通气象服务系统。该系统利用云计算技术，建立部-省-分中心三级联动的重点区域气象监测、预警、预报和出行服务网络，充分利用现有资源构建气象采集网络。搭建行业云平台可以在云端实现气象数据的管理与更新、车辆实时位置定位查询与路段关联、局部精准气象信息查询、动态地图信息发布等，通过对极端气象的检测与定位，最终实现区域地图与气象事件信息播报及团雾预警等功能，如图8-9所示。

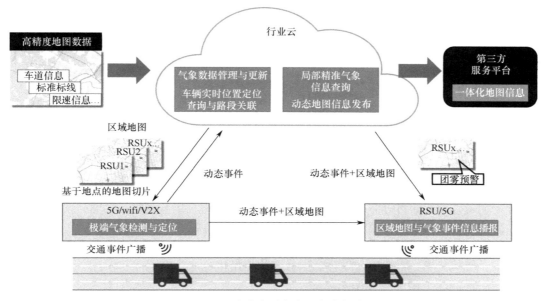

图8-9 云平台在交通气象服务中的应用

2. 边缘计算：智慧交通的"神经末梢"

随着云平台边界的不断扩展，大量的设备接入网络会在网络边缘产生巨量数据。构建边缘计算平台可以更好地协同数据处理、应用部署，在时延敏感、带宽有限的情况下，实现边缘弱网自治。

作为智能交通系统的"神经末梢"，边缘计算有着得天独厚的优势。

一是让交通更安全。安全对于交通行业来说就像是一个宝贝，以自动驾驶技术为例，它的应用落地之所以迟缓，很重要的原因之一就是它不能确保道路交通的绝对安全。但是，边缘计算的到来，就像是一个英雄，它为道路安全性问题带来了解决方案。例如，当一辆自动驾驶汽车面临危险需要及时停车时，边缘计算就可以让车辆本身也具备一定的计算能力来处理这一问题，尤其是突发自然灾害、信号干扰或技术故障时，当某一区域的自动驾驶汽车陷入无网络状态时，汽车之间就可以依靠边缘计算赋予的计算能力做出"下意识"的反应以确保行驶的安全，这就是边缘计算的神奇之处！

二是让交通更经济。目前，智能交通系统应用物联网已经为行业带来了相当的收益，业内人士认为，未来边缘计算在提升交通系统经济性上还有很大的潜力。以城市轨道交通系统实现自动驾驶为例，"屏蔽门"的开闭是一大难题。由于目前车辆屏蔽门的开闭主要靠司机人眼识别，整列车所有车门都要等待最后一个人上车后才能关闭，这就好比整个屏蔽门系统只有一个"中枢大脑"而缺少"神经末梢"。如果每个屏蔽门都安装上检测及控制设备，使其具备边缘计算能力，能够独立地控制自己的开合，这无疑会大大提高城市轨道交通系统的经济性，从而使城市轨道交通自动驾驶成为可能。

三是为乘客带来更多的增值服务，提升客户体验。以华为技术有限公司为巴士在线提供的整体智慧公交车联网解决方案为例，在每辆公交车上部署车载智能移动网关，搭载统一的运营平台，对分布在不同地点的多媒体终端进行统一调度，实现立体化、差异化的精准营销，这为乘客带来了更好的乘车体验。此案例中，车载智能移动网关就扮演了一个"神经末梢"的角色，它能够缓存一些数据信息，通过边缘计算，汽车在网络信号环境不佳的地方也能保持平稳运营。

边缘计算具有去中心化、非寡头化、万物边缘化、安全化、实时化、绿色化等六大特点，如果说"云计算"使智能交通系统的大脑"更聪明"，那么"边缘计算"就使智能交通系统的神经末梢"更灵敏"。下面分享几个边缘计算在智能交通领域应用的典型案例。

（1）边缘计算在四维实景可视化管理平台中的应用

在公路运行精准感知及可视化管理的技术研究中，刘见振副院长提出了一个神奇的想法：基于高可靠交通边缘计算构建四维实景可视化管理平台，如图 8-10 所示。他介绍，高可靠公路边缘计算设备在容错技术上采用了边缘计算路侧设施的交互式复合运算处理结构，当设施出现一定的运行性故障时，它可以依赖设施内驻的容错能力保证连续正确地执行其程序并输出正确的结果。而在车辆特征信息识别过程中，当车辆进入公路，全向毫米波雷达在触发车辆抓拍摄像机时，车辆抓拍摄像机收到触发信号后执行拍照并获取图像，摄像机再将获取后的图像进行编码，编码后的图像被发送到高可靠公路边缘计算设备，通过雷达检测、图像识别来获取车辆的特征信息，然后将车辆特征信息再次进行编码，编码同样按照 ID 身份编号编制，这就是高可靠公路边缘计算的神奇之处！

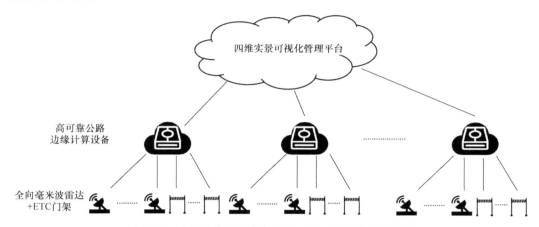

图 8-10　边缘计算在四维实景可视化管理平台中的应用

（2）边缘计算与 C-V2X 系统的融合应用

在车联网领域，C-V2X（基于蜂窝网络的车用无线通信技术）已经成为了主流技术。中国信息通信研究院主任工程师葛雨明提出了一种基于灵活多层架构协同的边缘计算解决方案，能够很好地实现边缘计算与 C-V2X 系统的融合。MEC 与 C-V2X 融合系统按 MEC 的功能和部署位置大体分为两类，即区域 MEC 平台和路侧 MEC 设备，两类MEC 相对独立，并根据不同应用场景对于 MEC 的需求灵活组合形成系统解决方案，如图 8-11 所示。

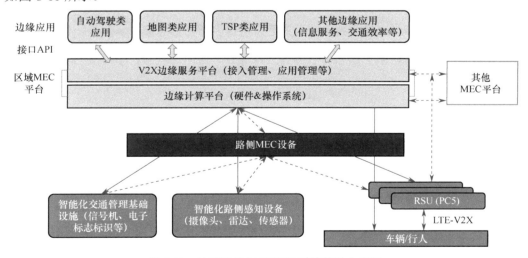

图 8-11　边缘计算与 C-V2X 系统的融合应用

虽然边缘计算在智能交通系统建设中显示出极大优势，但是边缘计算及云-边-端的架构作为互联网行业的技术理念，应用于交通领域还有很多不确定性。国家智能交通系统工程技术研究中心首席科学家王笑京认为，智能交通领域应用的边缘计算技术要适应道路交通的属性和行政管理的结构，此外，云-边-端的架构是互联网领域的一般性概念，并不完全适用于道路交通，在交通领域需要重新考虑和定义。

3. 边云智能的未来：智慧高速的架构设计与交通智能体

未来，智慧高速作为智能交通系统建设的重中之重，由边云智能理念所延伸出的如云边端、云网边端等一系列的逻辑框架被贯彻到了智慧高速的设计之中。未来智慧高速的框架系统应更注重系统间的融合，特别是数据的融合，并融入车路之间的信息互通。通过数据融合，按照"云网边端"的架构重新定义机电系统架构，形成智慧高速公路的架构模型，基于"端-边-网-云-应用"的智慧高速框架体系，如图 8-12 所示。

在端/边侧构建基于窄带物联网和 GIS 的智能感知体系，实现高速公路运行状态、环境状态、设备安全运行状态、设备数字化方面的智能感知和可视化展示；在网端构建多级融合通信体系，实现光纤数字传输网、短程通信专网、无线宽带走廊、窄带物联网等网络融合；在云端建设涵盖全路段构造物的云计算中心，实现全部业务云化和全路资源的共享共用；在平台建设方面，构建一体化的智慧管理服务平台，实现道路运行、管理决策、智能服务等应用场景；在应用方面，构建多部门信息共享、多位一体联动的智能服务体系．实现智慧服务区服务、恶劣气候通行、自由流收费、车路协同等创新应用体验。

谈到智慧高速或者智慧公路，不禁有人发问，未来交通的"智慧"将会是什么？一直以来，业界对于究竟是该叫"智能交通"还是"智慧交通"存有不小的争议，在许多业内人士看来，"智慧"一词往往是形容人类或者是具有类似人类思考能力的个体。如果依据这样的认知来理解今天的交通系统，也就只能称其为智能，肯定算不上智慧。但是，自边云智能概念及云边端架构提出以来，我们对交通系统逐步有了新的认知，从构建交通的"智能大脑"到"神经末梢"，一个交通智能体正在孕育……

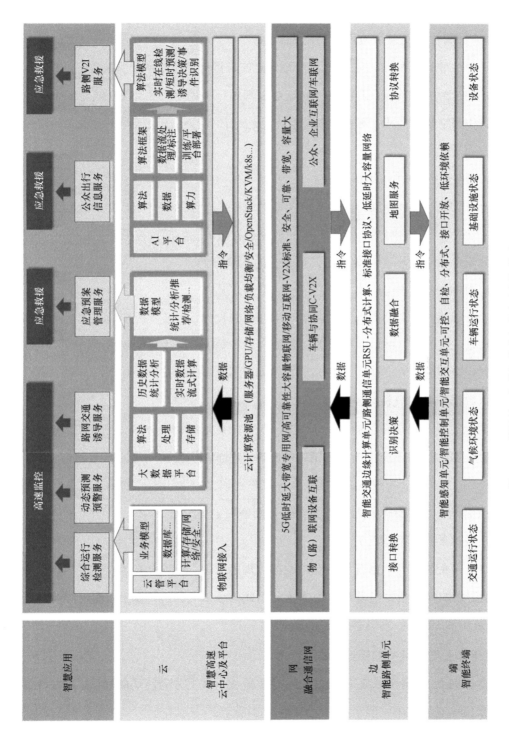

图 8-12　基于边云智能架构的智慧高速框架体系

8.4.2 边云智能赋能智慧安防

1. 边缘计算在安防领域应用潜力巨大

我国一个二线以上城市可能就有上百万个监控摄像头,面对海量视频数据,云计算中心服务器的计算能力有限。若能在边缘端对视频进行预处理,可大大降低对云中心的计算、存储和网络带宽需求。因此,视频监控是边缘计算技术应用较早的行业,体现在以下几个方面。

第一,数据的分布式收集存储。

在边缘计算模型下,借助边缘服务器实现对政府、社会和个人等各类零散监控的整合,在边缘端进行一次预处理,对无价值的数据进行过滤,然后对视频数据进行短暂存储并自动分流,这一操作能有效减缓云端平台的存储压力。

第二,数据的加密传输与共享。

在边缘计算模型下,公安机关可通过对边缘端的设计,使经过初步处理的视频数据得到一次加密,通过通信技术向指定的云端平台进行输送。这些视频数据中侦查信息的安全性得到充分保障,在传输过程中被窃取的可能性大大降低。

第三,数据的智能分析与协同。

边缘端能实现对前端设备的自动化调整,在监控识别运动物体后,相邻监控能够在同一边缘管理器的控制下实现一定范围内的配合,进而做到监控视角的自动调整、对焦或轨迹追踪。同时,边缘端智能识别的突发性案件可以经有效识别后向侦查机关自动预警,使视频信息应用同步化,为侦查人员的介入争取宝贵时间。

第四,数据的规范有序运营。

在边缘计算的框架下,也有利于视频数据的规范运转,从而能够形成有序的数据库资源。前端生成的视频数据沿着边缘服务器利用通信技术向云端传输。云端可以对各边缘端、边缘端可以对各前端设备实现有序管理。

2. 基于边云智能的安防系统架构

从逻辑架构上,基于边云智能的安防系统架构从下至上分为前端感知层、边缘计算层、云计算层和安防应用层四个层面,如图 8-13 所示。

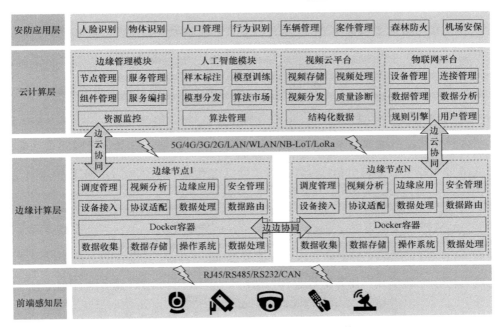

图 8-13　基于边云智能的安防系统架构

第一层，前端感知层：是整个系统的神经末梢，负责现场数据的采集。除摄像头外，系统的接入终端还包括各类传感器、控制器等物联网设备。

第二层，边缘计算层：汇总各个现场终端送来的非结构化视频数据和物联网数据并进行预处理，按既定规则触发动作响应，同时将处理结果及相关数据上传给云端。根据需要，边缘节点可实现一个或多个边缘应用的部署。

第三层，云计算层：主要由边缘管理模块、视频云平台、人工智能模块和物联网平台组成，负责全局信息的处理和存储，承担边缘计算层无法执行的计算任务，并向边缘计算层下发业务规则和算法模型以及为各类应用的开放对接提供标准的 API。

第四层，安防应用层：利用分析处理的结构化/半结构化数据，结合特定的业务需求和应用模型，为用户提供具体的垂直应用服务，如人脸识别、物体识别、人口管理、行为识别、车牌管理、案件管理、森林防火、机场安保等场景。

基于边云智能的安防系统具备两大特征。

特征一：安防边云智能。

智慧安防是云计算与边缘计算的融合，两者的协同应用会将安防行业大数据分析推向一个新的高度。

第一，从业务需求方面来看，"边云智能"方式是安防智能化发展的必然趋势。能够充分发挥两种方案的优势，在缓解系统带宽压力、缩短处理时延和提高分析准确度方面都有很大的提升。在整个系统中，边缘计算功能除了由前端设备本身的智能化来实现，还可以借助承载网络的边缘计算功能来实现，也就是在靠近网络边缘的地方部署服务器，综合网络的资源使用情况、系统性能及设备信息，尽可能在最靠近网络边缘的位置进行业务分流或进行数据分析、处理，同样可以达到减小骨干网的传输压力、降低处理时延、提升用户体验的目的。

第二，从技术发展方面来看，边缘计算与云计算是安防行业数字化转型的两大重要计算技术，两者在网络、业务、应用、智能等方面的协同发展将有助于安防行业更大限度地实现数字化转型。云计算把握整体，适用于大规模、非实时业务的计算；边缘计算关注于局部，适用于小规模、实时性计算任务，能够更好地完成本地业务的实时处理。

特征二：安防边缘智能。

边缘计算与人工智能互动融合的新模式称为边缘智能，是指在靠近数据产生端的边缘端，人工智能算法、技术、产品的应用。边缘智能旨在利用边缘计算低时延、邻近化、高带宽和位置认知等特性，通过人工智能技术为边缘侧赋能，使其具备业务和用户感知能力。具体实现上主要包括两个方面。

首先，边缘智能载体是具备一定计算能力的硬件设备，可实现不同智能功能，也称为边缘计算节点。边缘计算节点就近收集和存储智能前端的各类异构数据，就近管理和调度智能计算资源，满足不同场合对智能分析的即时响应、即时分析的需要，可以接收、整合、传递智能前端的结构化数据，也可以根据需要调配算力，应用不同的算法对当前分级内的数据进行智能分析，实现智能应用。

其次，单个的边缘节点可以将本级内智能前端以及边缘计算所需的存储资源以及计算资源进行统一管理，根据需求调度智能算法，结合边缘计算节点的智能分析能力，实现在本级内完成所有预定的智能功能；多个边缘计算节点可以根据需求组合，形成一个智能网络，在网络中对数据进行加工，交换数据，共享计算结果。

以人脸识别应用为例，人脸检测、抓拍乃至对比等人脸识别算法可以利用深度学习神经网络算法离线训练，训练完成后再进行算法精简，以此将人工智能算法注入前端摄像机等边缘设备,就像一个超级英雄一样,它可以在边缘实现视频图像目标的检测、提取、建模、解析,把图像解析的大量计算压力均匀分担到小颗粒大规模的边缘计算资源上,仅把精练的结构化有效数据上传云端处理,可以有效降低视频流的传输与存储成本,分摊云中心的计算和存储压力,实现效率最大化。而在本地设备上直接完成智能图像识别,也实现了低时延和快响应,提高实时性,这就是边缘计算的超能力!

边缘计算与人工智能技术在公共安全领域的应用,能够有效提升公共安全管理的效率与水平,大幅降低人力物力成本,对城市管理、民生改善具有巨大价值,市场前景广阔,且技术应用的基础条件已经成熟,边缘智能技术将得到进一步发展,边缘端人工智能技术的应用场景将得到进一步丰富。

3. 边云智能一体化工业智慧安防预警系统

我们将通过一个具体的基于边云智能的智慧安防案例来让读者对边云智能技术在工业安防领域的应用有更加直观的认知。

针对工业园区安防管理需求,北京交通大学团队自主研发5G"边缘计算–云计算"一体化的智能安防预警系统,提供工业企业安全生产情景模式监控预警。

搭载深度学习智能芯片的多目标识别智能摄像头日常期间自动对监控视频中的异常事件(如烟火、翻墙、摔倒、离岗、防护服穿戴等)进行预警,并通过摘要浓缩技术,减少视频传输、保存及事后查阅的成本。提前发现潜在的威胁,帮助企业做出更好的决策,从而降低事件的可能性和危害。基于边云智能的工业安防系统逻辑如图8-14所示。

(1)人工智能多目标检测智能摄像头:搭配先进的人工智能芯片,实现在设备端即可自动进行车牌、人员、物体等多种目标的实时检测和识别,与视频分析服务器及5G网络搭配实现"云–边–端"一体化智能协同处理,提升单台视频处理服务器对多路摄像头支持能力,提高系统运行效率和智能化程度。基于5G边缘计算的视频监控网络架构如图8-15所示。

(2)视频实时分析处理深度学习服务器:用于接收从摄像头端识别到的目标及视频流,在边缘端运用深度学习算法对目标行为模式、属性进行分析,自动识别目标异常行为,并实现跨场景的目标重识别,对实时视频流进行视频浓缩及存储。

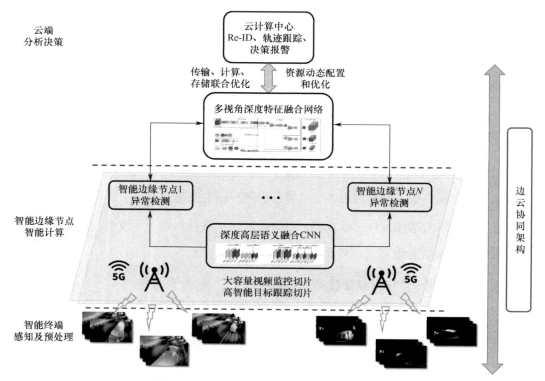

图 8-14 基于边云智能的工业安防系统逻辑

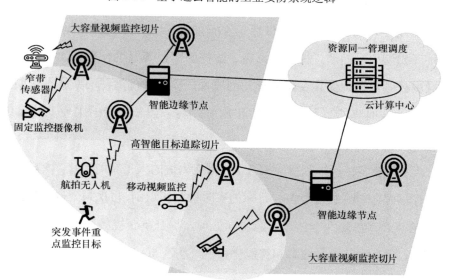

图 8-15 基于 5G 边缘计算的视频监控网络架构

（3）基于人工智能的工业智慧安防预警管理系统：实现对监控视频内容的智能分析，实现多摄像头跨场景异常事件预警，并对给定的目标进行跨场景的识别跟踪，结合 GIS 信息可在地图上实时展示目标运动轨迹及实时图像。

本 章 习 题

1. 简要描述智慧高速公路检测平台建设中的"边"和"云"分别指什么。

2. 结合第 6 章和第 7 章，你认为在智慧安防领域，哪些技术会被使用到？

3. 你认为"边云智能"还可以赋能哪些产业？举例说明。

习 题 答 案

第 1 章

1．边云智能经历了哪几个发展阶段？

答：边云智能的发展与大数据、5G、人工智能、云计算、边缘计算等新一代信息技术密切相关，其演进路线涉及：第一阶段，边云智能探索；第二阶段，"智能+"边缘；第三阶段，边云智能体系。

2．边云智能的产生受哪些技术的发展促成？

答：人工智能、大数据、云计算、边缘计算、5G、联邦学习等为代表的新一代信息技术。

3．什么是边云智能？

答：边云智能，又可称为边云智能协同，其定义为通过端、边、云之间的协同优化，实现敏捷、低成本、低时延的大数据和人工智能服务与应用。在广义上，边云协同智能包含基于端、边、云实现人工智能服务的不同组合模式；在狭义上，边云协同智能是通过边和云两者之间的协同优化来提供高效的人工智能服务。

4．简述边云智能的应用场景。

答：例如，在智能家居中，可利用智能硬件、边缘计算网关、网络环境、云平台构成一套完整的智能家居应用生态圈；在智能医疗领域，通过边云智能体系可以打通医院系统、电子病历、分级诊疗等环节，既可以提高诊疗服务个性化水平，又可以提升数据治理的智能化水平。（开放式答案）

第 2 章

1．请简要阐述系统工程的概念。

系统工程是组织管理系统的规划、研究、设计制造、试验和使用的科学方法，是一种对所有系统都具有普遍意义的科学方法，是组织管理系统的一种综合技术，涉及线性规划、非线性规划、博弈论、排队论、库存论、决策论等一系列运筹学方法。

2. 简单介绍霍尔三维结构。

霍尔三维结构主要涵盖时间、逻辑、知识三个空间维度。时间维度包括最初规划阶段至后期更新阶段所必须遵循的七大基本程序，即规划阶段（调研、工作程序设计阶段）、拟定方案阶段（具体计划阶段）、研制阶段、生产（施工）阶段、安装阶段、运行阶段和更新（改进）阶段。

逻辑维度明确了时间维度上各个阶段所应遵循的相关逻辑先后顺序，包括问题确定、目标选择、系统综合、系统分析、优化、决策和实施计划。

知识维度阐释了为确保各个阶段、步骤顺利展开所应用到的全部知识、技术等。

3. 边云智能概念框架的宏观定义是什么？

"云–边–端"一体化联合智能架构，由实体集合 E 与关系集合 R 构成，其宏观定义为

$$FIA \quad C-E-D = \{E, R\}$$

4. "云–边–端"层次结构是如何划分的？

从系统工程角度，边云智能的层次结构可以划分为内边缘、中边缘、外边缘三层。

5. 简单介绍边云智能体系架构的 4 种协同模式。

"云–边–端"协同、"边–端"协同、"边–边"协同、"云–边"协同。

6. 列出 5 种以上衡量"云–边–端"体系架构模型性能的度量指标。

性能、资源使用、成本、能耗、服务质量、安全性等指标。

7. 简单介绍"云–边–端"体系架构的应用方向。

"云–边–端"区块链：集 P2P 网络技术、共识算法、跨链技术、分布式哈希技术、自证明文件体系以及 Git 等技术于一体，按照面向边云智能的"区块链互联网"模式，在云计算、边缘计算、5G、区块链等技术助力下，实现"万物互联，无处不在"的基础性创新应用。

"云–边–端"一体化机器人系统。"云–边–端"一体化架构可以构建隐私数据的安全传输、存储、监测机制，并且限定其物理范围，保证机器人系统即使被远程攻击劫持

后也不会造成物理安全损害。此外，按照边云智能模式，边缘服务器可以在网络边缘、靠近机器人的地方处理机器人产生的数据，减少对于云端处理的依赖，形成一个高效的"云–边–端"一体化机器人系统。

第3章

1．机器学习方法按照模型学习的方式可以分为哪几种？

答：三种，无监督学习、监督学习、强化学习。

2．区别于传统的浅层学习，深度学习的不同在于什么方面？

答：模型结构通常有许多隐层，具有更大的深度；明确了特征学习的重要性，即通过逐层特征变换，将样本在原空间的特征表示变换到一个新特征空间，从而使分类或预测更加容易。

3．BP算法存在哪些问题？

答：BP算法由于使用梯度下降算法，其收敛速度（即学习速度）很慢。其次，BP网络含有大量的连接权重，每个权重对应一个维度，则整个网络对应着一个非常高维空间中的误差曲面。这个误差曲面不仅有全局最小点，还有很多局部极小点。而且，BP网络需要谨慎设置学习因子，学习因子太小则收敛过程非常缓慢，但是如果学习因子太大，则会导致网络不稳定，即无法收敛到极小点上，而是在极小点附近振荡。

4．一个典型的卷积神经网络包括哪些结构层？

答：通常包括输入层、卷积层、池化层、全连接层和输出层。

5．什么是长短期记忆网络？

答：长短期记忆网络是一种特殊的循环神经网络，具有记忆长短期信息能力的神经网络，能够学习长期依赖性。

6．请根据书中内容简述Transformer架构的组成单元。

答：Transformer架构完全抛弃了传统的CNN及RNN，取而代之的是可以并行的Transformer编码器单元/解码器单元。一个编码器单元中有两层，第一层是多头的自注意力层，第二层是全连接层，每层都加上了残差连接和归一化层。解码器单元也具有与编码器单元类似的结构，区别有两点：一是解码器单元比编码器单元多了一个解码器对编码器注意力层；二是解码器单元中自注意力层加入了掩码机制，使得前面的位置不能注意后面的位置。

第4章

1．什么是自然语言处理？

自然语言处理（Natural Language Processing，NLP）就是利用计算机处理人类在日常生活中使用的自然语言（书面或口头）。另外，自然语言处理也涉及认知科学中对人类语言行为的研究。

2．自然语言处理的核心任务是什么？

迄今为止，对自然语言处理尚无统一的定义。一般地，自然语言处理的目的是让机器能够执行人类所期望的某些语言功能，主要功能包括以下几种。

（1）语音识别与合成。语音识别是让计算机能够"听懂"人说的自然语言，自动实现从语音到文本的转换。语音合成是让计算机能够"说"自然语言，自动实现从文本到语音的转换。

（2）机器翻译。计算机能把用某一种自然语言表示的信息自动地翻译为另一种自然语言等。

（3）文本学习和检索。计算机能够根据输入的文本信息，输出相关的其他文本内容。例如，文本分类、文本挖掘、信息检索、情感分析和摘要生成等。

（4）自动问答。计算机能正确地理解人们用自然语言输入的信息，并能正确回答输入信息中的有关问题。

3．机器翻译经历了哪几个发展阶段？

机器翻译主要经历了三个发展阶段，第一阶段为基于规则的机器翻译，即根据语言文本的语法规则和文法规则来进行翻译。第二阶段是基于统计学习的机器翻译，即在大量语料库上运用机器学习方法学习出从原文到译文的概率转移模型，然后选取概率最大的译文作为输出。第三阶段是基于深度学习的机器翻译，深度学习模型已被广泛应用于机器翻译任务中，自2017年以来，Transformer横空出世，其综合利用注意力、自注意力机制和层叠网络更加有效地进行了文本的建模，成为当前机器翻译系统研制的主流范式。

4．机器翻译的评价指标有哪些？

机器翻译常用的评价指标有 BELU、METEOR 等。

BLEU 是 IBM 于 2002 年提出的一种文本评估算法，用来估计机器翻译与专业人工翻译之间的对应关系。其基本原则就是机器翻译越接近专业人工翻译，质量就越好。

METEOR 于 2004 年由 Lavir 提出，其基于单精度的加权调和平均数和单字召回率，目的是解决 BLEU 中的缺陷。

5．不同类型的自动问答系统各有什么特点？

根据目标数据源的不同，已有自动问答技术大致可以分为三类。

（1）检索式问答系统：一种能够从已有数据集中检索到问题答案，并回复给用户的系统。这类系统是以检索和答案抽取为基本过程的问答系统，具体过程包括问题分析、篇章检索和答案抽取。

（2）社区问答系统：社区问答的核心问题是从大规模历史问答对数据中找出与用户提问问题语义相似的历史问题并将其答案返回给提问用户。社区问答系统通常有大量的用户参与，存在丰富的用户行为信息，例如用户投票信息、用户评价信息、回答者的问题采纳率、用户推荐次数、页面点击次数以及用户、问题、答案之间的相互关联信息等，这些用户行为信息对于社区中问题和答案的文本内容分析具有重要的价值。

（3）知识库问答系统：该系统能够根据用户问题的语义在知识库上查找、推理出相匹配的答案。知识库问答系统与上述两类系统的不同之处在于，其抛弃了关键词匹配和浅层语义分析技术，基于结构化的知识搭建大型知识库能够完成知识的深层逻辑推理。

6．问答系统有哪些核心挑战？

（1）问句理解。给定用户问题，自动问答需要理解用户所提出的问题。

（2）文本信息抽取。给定问句语义分析结果，自动问答系统需要在已有语料库、知识库或问答库中匹配相关的信息，并抽取出相应的答案。

（3）知识推理。自动问答中，由于语料库、知识库和问答库本身的覆盖度有限，并不是所有问题都能直接找到答案，这就需要在已有的知识体系中，通过知识推理的手段获取这些隐含的答案。

第 5 章

1．请简述计算机视觉技术的基本原理。

计算机视觉技术的基本原理是利用图像传感器获得目标对象的图像信号，并传输给专用的图像处理系统，将像素分布、颜色、亮度等图像信息转换成数字信号，并对这些信号进行多种运算与处理，提取出目标的特征信息进行分析和理解，最终实现对目标的识别、检测和控制等。

2．什么是目标检测？其与图像分类有何异同？

目标检测的任务是在图像中找出所有感兴趣的目标（物体），并确定它们的位置和大小，是计算机视觉领域的核心问题之一。

图像分类任务关心整体，给出的是整张图像的内容描述；而目标检测关注特定的物体目标，要求同时获得该目标的类别信息和位置信息。相比于图像分类，目标检测给出的是对图像前景和背景的理解，算法需要从背景中分离出感兴趣的目标，并确定这一目标的描述（类别和位置）。

3．简述目标检测中经典的一阶段算法和二阶段算法有何不同？

一阶段算法是指只需一次提取特征即可实现目标检测，其速度相比多阶段的算法快，一般精度稍微低一些。

二阶段算法指的是实现检测的方式有主要两个过程，先提取物体区域，再对区域进行分类识别，通常该类算法拥有更高的准确率，但速度稍慢一些。

4．基于边缘检测的图像分割算法和基于区域的图像分割算法有何异同点？

基于边缘检测的图像分割算法的基本原理是通过检测边界来把图像分割成不同的部分。在一张图像中，不同区域的边缘通常是灰度值剧烈变化的地方，这种算法就是根据灰度突变来进行图像分割的。

基于区域的图像分割算法的基本原理是连通含有相似特点的像素点，最终组合成分割结果。其主要利用图像局部空间信息，能够很好地避免其他算法图像分割空间小的缺陷。

5．简述目标跟踪的技术原理。

图像处理中的运动目标检测和跟踪，就是实时检测摄像机捕获的场景图像中是否有运动目标，并预测它下一步的运动方向和趋势，即跟踪。并及时将这些运动数据提交给后续的分析和控制处理，形成相应的控制动作。

6．目标检测还有哪些具体的应用？请举例说明。

目标检测是计算机视觉最基本的问题之一，具有极为广泛的应用。

（1）人脸识别：人脸识别是基于人的面部特征进行身份识别的一种生物识别技术，通过采集含有人脸的图像或视频流，自动检测和跟踪人脸，进而对检测到的人脸进行识别，通常也称为人像识别、面部识别。

（2）交通异常事件检测：通过目标检测算法，检测各种交通异常事件，包括非机动车驶入机动车道、车辆占用应急车道以及监控危险品运输车辆驾驶员的驾驶行为、交通事故实时报警等，第一时间将异常事件上报给交管部门。

（3）工业检测：工业检测是目标检测的另一个重要应用领域，在各个行业均有极为广泛的应用。在产品的生产过程中，由于原料、制造业工艺、环境等因素的影响，产品有可能产生各种各样的问题。其中相当一部分是所谓的外观缺陷，即人眼可识别的缺陷，其可采用目标检测算法进行检测，保证产品质量。

第6章

1．简述边缘端对于轻量化的需求。

轻量化模型主要围绕减少计算量、减少参数、降低实际运行时间，简化底层实现方式等这几个方面，便于在小型设备上（如手机、智能摄像头、智能音箱等设备上）运行，为社会安防和个人家居带来便捷。

2．简述模型压缩常用的方法。

常用的网络模型压缩方法主要有以下几种。

（1）量化和二值化。该方法通过减少表示每个权重需要的比特数来压缩原始网络，但很多时候它忽略了二值化对精度损失产生的影响。

（2）网络剪枝。网络剪枝通过修剪影响较小的连接来显著减少 DNN 模型的存储和计算成本。但其并不能提高模型的训练效率，且依赖于人工设置模型的灵敏度，导致该方法在某些应用中可能会十分复杂。

（3）低秩因子分解。该方法主要通过合并维度和添加低秩约束等方法获得稀疏卷积核矩阵来实现结构压缩，其缺点是矩阵分解运算成本高，且逐层分解不利于全局网络参数压缩。

（4）参数共享。该方法是指使用结构化矩阵或聚类方法映射网络参数，减小网络参数量。但其缺点在于不方便进行泛化，如何有效地去除卷积层的冗余性仍是一个难题。

（5）蒸馏学习。该方法指通过建立一个参数量少、计算量小的小模型，利用性能更好的大模型的训练信息，来训练这个小模型，目的是在小模型上达到更好的性能和精度。该方法主要缺点在于，蒸馏学习只能应用于具有 Softmax 损失函数的任务中。再者就是，与其他类型的方法相比，蒸馏学习往往具有较差的竞争性能。

（6）更优秀的网络结构设计。人们通过设计更加轻量化与高效的神经网络模块实现更好的模型性能。

3．简述对神经网络进行剪枝的步骤。

按照剪枝流程的不同，剪枝算法可分为 one-shot（一次性剪枝）和 iteration（迭代剪枝）。一次性剪枝在对参数的重要性进行排序后一次性去除所有的多余参数并进行微调，而迭代剪枝则每次只剪去一部分多余的参数，经过短暂的微调后继续进行下一轮剪枝。需要注意的是，迭代剪枝虽然每一轮都要进行微调，在剪枝完成后还是需要进行一次整体的长时间的微调才能确保模型最终收敛。按照剪枝粒度的不同，模型剪枝可以分为结构化剪枝和非结构化剪枝。结构化的剪枝就是 filter-level 的剪枝，主要去除的是多余的通道和成组的卷积核，非结构化的剪枝则包括了对单一的权重、权重向量（行/列）和单一的卷积核的剪枝。

4．简述轻量化网络设计中的经典模块有哪些？

SqueezeNet、Mobilenet、ShuffleNet、Xception。

5．简述深度可分离卷积的过程，其参数量、计算量分别减少了多少？

深度可分离卷积分为 Depthwise 和 Pointwise 两种卷积。在常规的卷积中，卷积核都对每个通道进行了一次计算。而 Depthwise 卷积只对一个通道进行卷积计算，不会改变原始特征图的通道数目。

深度卷积参数量为 $(D_K \times D_K \times 1) \times M$ ，逐点卷积参数量为 $(1 \times 1 \times M) \times N$ ，所以深度可分离卷积参数量是标准卷积的 $\dfrac{D_K \times D_K \times M + M \times N}{D_K \times D_K \times M \times N} = \dfrac{1}{N} + \dfrac{1}{D_K^2}$ 。

6. 简述不同类型的模型蒸馏方法之间的差异。

离线蒸馏的缺点是教师网络通常容量大、模型复杂，需要大量训练时间，还需要注意教师网络和学生网络之间的容量差异，当容量差异过大时，学生网络可能很难学习好这些知识。

在大容量教师网络没有现成模型时，可以考虑使用在线蒸馏。使用在线蒸馏时，教师网络和学生网络的参数会同时更新，整个知识蒸馏框架是端到端训练的。

在自蒸馏中，教师和学生模型使用相同的网络。自蒸馏可以视为在线蒸馏的一种特殊情况，因为教师网络和学生网络使用相同的模型。

7. 知识蒸馏中的温度系数有什么作用？过大或过小有什么影响？

在计算 Softmax 时，T 可以调节不同值的"权重"。当 $T \leq 1$ 时，标签中最大值的权重会较大，也就是说让 label 更"尖锐"了；反之，当 $T > 1$ 时，标签中最大值的权重会变小，除最大值以外的其他值权重会变大，让 label 更"平滑"了。

8. 如果让模型速度提高一倍，有什么解决方案？

（1）训练后量化

将算法模型权重的精度，由浮点类型（32-bits）转换到整型（8-bits）。针对 PyTorch 实现的算法进行量化优化可以利用 NVIDIA 的 TensorRT 进行实现，但是为了能够在 TensorRT 上运行 PyTorch 模型，模型权重需要先转化为中间模型权重格式。目前，可以实施的方法就是将 PyTorch 模型权重转换为 ONNX 模型格式，最终转化到 TensorRT 上运行。

（2）将模型转换为半精度

这种替代方法旨在权衡速度和内存效率的准确性，提供了 FP32 和 UInt8 之间的中间点。考虑到如今 GPU 的架构已转向针对 FP16 操作进行优化，尤其是使用张量核心，这种方法为提高速度提供了很好的权衡。此外，事实证明，并非网络的所有层在推理过程中都花费大量时间。这意味着我们可以通过仅在需要速度提升的层（如卷积）中使用半精度并将其余部分留在 FP32 中来找到更好的权衡。更好的是，在 FP32 中有一些层有助于防止梯度下溢。这种方法称为自动混合精度，它在量化方面的不同之处在于，不是对训练模型的权重进行后处理，而是应该从一开始就使用混合精度来训练模型。

（3）知识蒸馏

假设我们有一个大模型（或模型的集合），它的预测精度很高，但其推理速度并不理想。Knowledge Distillation 建议通过使用我们的大模型作为训练器来训练一个具有较少参数的较小模型。这实质上是训练我们的小模型输出与我们的大模型或集成相同的预测。这样做的一个很大优势是我们不仅限于使用标记数据，虽然准确性可能会受到影响，但能够从中获得不错的速度提升。

第 7 章

1．简述云端决策与边云智能的关系。

云端决策和边云智能的关系更像是血液与神经系统。假如将云端决策比喻为动力单元，把边云智能比喻为头脑单元，只有当"动力"与"头脑"充分融合与协调，才会让决策智能的出现成为可能。而决策智能最大的价值，是可以充分调用数据，并利用机器学习的能力，寻找出潜在的模式、隐匿的风险，帮助各个行业快速而精准地解决商业问题。

2．简述云端决策在数据挖掘领域的常用算法。

回归分析、聚类、关联规则等。

3．简述回归与分类任务的区别。

分类与预测是大数据挖掘算法中有监督学习任务的代表。一般认为：广义的预测任务中，要求估计连续型预测值时，是"回归"任务；要求判断因变量属于哪个类别时，是"分类"任务。

4．简述经典的推荐算法有哪些？

基于统计的推荐算法、基于协同过滤的推荐系统、基于内容的推荐系统、基于关联规则的推荐系统、基于网络结构的推荐系统。

5. 简述基于内容的推荐算法与协同过滤推荐算法的区别。

协同过滤系统的优点是实现简单、推荐准确。然而，它也有自己的局限性，如冷启动问题，这是指协同过滤系统不能对系统无法获得其数据的用户（即第一次登录的用户）进行推荐。基于内容的推荐系统提供的推荐项信息是基于相似用户的历史喜好数据产生的。项目的相似度是根据与其他的比较项相关联的特征计算得出的，并与用户的历史偏好相匹配。

基于内容的推荐系统以实现个性化推荐为目标。推荐信息基于个人的喜好来进行推荐，而不像协同过滤需要通过用户社区。可以支持实时性推荐的要求，因为不需要加载所有的数据进行处理或生成推荐信息。比协同过滤方法准确性更高，因为它处理了产品内容，而不是只基于评级信息，能处理冷启动问题。

6. 简述协同过滤推荐的种类。

协同过滤推荐系统有以下两种类型：基于用户的协同过滤、基于项目的协同过滤。

7. 简述基于网络的推荐系统的优点和缺点。

基于网络结构的推荐算法具有以下几个优势：

（1）该算法的效果被证明比经典的协同过滤推荐算法要好；

（2）该算法开辟了推荐算法研究的新方向，有较高的研究价值和潜力。

同时，算法也具有不足之处：冷启动问题。与协同过滤推荐算法相同，在用户并没有选择产品时，系统无法推理出与其有相同兴趣爱好的人，同样，当产品刚进入系统时，并没有被任何用户选择，系统同样不能将其推荐给可能会对其感兴趣的用户。

第 8 章

1. 简要描述智慧高速公路检测平台建设中的"边"和"云"分别指什么？

云：智慧高速公路检测平台建设中的"云"，主要指云计算以及运用云计算、大数据等技术，构建集数据汇聚、智能分析、场景应用于一体的智慧大脑交通系统。

边：智慧高速公路检测平台建设中的"边"，主要指边缘计算。即随着云平台边界的不断扩展，为协同处理大量的设备接入网络在网络边缘产生的巨量数据，并在时延敏感、带宽有限的情况下，实现边缘弱网自治的计算技术。

2．结合第 6 章和第 7 章，你认为在智慧安防领域，哪些技术会被使用到？

智能感知：通过摄像头以及系统的接入终端的各类传感器、控制器等物联网设备，实现对环境数据的智能化感知与采集。

边缘计算：① 数据的分布式收集存储；② 数据的加密传输与共享；③ 数据的智能分析与协同；④ 数据的规范有序运营。

云计算：负责全局信息的处理和存储，承担边缘层无法执行的计算任务，并向边缘层下发业务规则和算法模型以及为各类应用的开放对接提供标准的 API。

3．你认为"边云智能"还可以赋能哪些产业？举例说明。

边云智能赋能智慧医疗：为公共健康管理打造高性能数据管理中枢、构建高品质的互联网医药大健康、赋能医疗辅助诊断场景等。